W0299312

Knaur

GRUNDKURS
PFLANZEN VERMEHREN

Knaur

Steven Bradley

GRUNDKURS PFLANZEN VERMEHREN

Bibliographische Information Der Deutschen Bibliothek
Die Deutsche Bibliothek verzeichnet diese Publikation in der Deutschen Nationalbibliographie; detaillierte bibliographische Daten sind im Internet über http://dnb.ddb.de abrufbar.

Titel der Originalausgabe: Propagation Basics
Hamlyn, Octopus Publishing Group Ltd., London

Umschlaggestaltung: ZERO Werbeagentur, München
Übersetzung: Frank Berger, Freiburg
Satz: Vornehm, München
Printed in China

ISBN 3-426-66789-4

www.knaur.de

INHALT

Einführung 6

1 **Grundlagen** 8

2 **Werkzeug und Zubehör** 16

3 **Weiteres Zubehör** 28

4 **Samen** 38

5 **Teilung** 58

6 **Stecklinge** 70

7 **Zwiebel- und Knollenpflanzen** 90

8 **Ableger** 102

Probleme erkennen und beseitigen 114

Pflanzenverzeichnis 118

Jahresübersicht 122

Glossar 124

Register 126

Bildnachweis 128

EINFÜHRUNG

Wie wir von den als »Unkraut« bekannten Pflanzen wissen, können sie sich durchaus problemlos und ohne fremde Hilfe vermehren. Daher wird sich jeder Gärtner unwillkürlich die Frage stellen, warum er selbst Hand anlegen und sich so viel Mühe machen sollte. Auf diese Frage gibt es gleich zwei Antworten: Einmal wird durch die Pflanzenvermehrung die kontinuierliche Weiterentwicklung einzelner Pflanzenarten garantiert. Außerdem bereitet dem Gärtner die Vermehrung seiner Pflanzen viel Freude.

Pflanzen zu vermehren, macht nicht nur Erwachsenen sondern auch Kindern Spaß. Dabei sollte jedoch darauf geachtet werden, nur solche Pflanzen zu wählen, bei denen schnell ein Erfolg zu verzeichnen ist. Besonders für Kinder ist es sehr entmutigend, monatelang auf die Keimlinge warten zu müssen und somit lange Zeit im Ungewissen zu bleiben, ob sie Erfolg haben werden oder nicht. Daher eignen sich Sonnenblumen, Kresse oder auch die abgeschnittenen Köpfe der Karotten besonders gut, um das Kind zu ermutigen und bei ihm weiteres Interesse am Gärtnern zu wecken.

Hat man erst einmal Pflanzen kultiviert – sei es nun im Garten, in Töpfen auf der Terrasse, auf dem Balkon oder im Balkonkasten – so möchte man sie nun auch vermehren. Denn warum sollten neue Pflanzen im Gartencenter für viel Geld gekauft werden, wenn der Gärtner genauso gut seine eigenen vermehren kann und dies mit geringen beziehungsweise keinen Kosten verbunden ist! Auf alle Fälle bereitet es Erwachsenen genauso viel Vergnügen wie Kindern, zu sehen, wie Jungpflanzen sich bewurzeln und wachsen.

Da einzelne Pflanzen, Gärten und Jahreszeiten sich sehr stark voneinander unterscheiden können, ist es nahezu unmöglich, verbindliche Empfehlungen für die Pflanzenvermehrung abzugeben. Stecklinge sollte man zum Beispiel dann nehmen, wenn sie am besten wurzeln. Da Pflanzen sich je nach Wachstumsbedingungen unterschiedlich schnell entwickeln, kann diese Zeit von Garten zu Garten um mehrere Wochen voneinander abweichen. Sogar innerhalb eines Gartens kann sich jährlich die günstigste Zeit zur Stecklingsabnahme aufgrund von Wettereinflüssen verschieben. Obwohl Jahreszeiten und sogar Monate für verschiedene Vermehrungsmethoden empfohlen werden, sollten die Zeitangaben lediglich als Hinweis betrachtet werden. Ein guter Züchter lernt, sich nach den Pflanzen statt ausschließlich der Kalenderangabe zu richten.

Ziel des Buches ist es, zu zeigen, das Pflanzenvermehrung nichts geheimnisvolles oder rätselhaftes ist. Es beschreibt Zubehör und Materialien, die man für eine erfolgreiche Pflanzenvermehrung braucht und erläutert die unterschiedlichen Techniken ausführlich. Dabei werden die verschiedenen Pflanzen, die durch die jeweilige Methode am besten zu vermehren sind, im einzelnen aufgeführt.

Oben: Pflanzen besitzen die Fähigkeit, sich vermehren zu können. Deshalb kann sich der Gärtner von seinen schönsten Pflanzen Nachkömmlinge heranziehen.

1 GRUNDLAGEN

Pflanzen, die man als Stecklinge oder Sämlinge von Freunden oder Verwandten bekommen hat, gehören zu den schönsten Geschenken überhaupt. In die Lage versetzt, die Pflanzen zu vermehren, erhalten diese Geschenke eine besondere Bedeutung und erfreuen uns auf lange Zeit. Indem die Pflanzen unsere Rabatten zieren, lassen sie den Garten zu einem individuellen Erlebnis werden. Sich dort aufzuhalten oder zu arbeiten ist dann so, als würde man unter alten Freunden sein.

Rechts: Viele Stauden können durch Teilung vermehrt werden. Sie blühen bereits innerhalb eines Jahres.

Links: Unzählige Nahrungspflanzen können einfach durch Aussaat vermehrt werden.

Der Schlüssel zur erfolgreichen Pflanzenvermehrung ist Beharrlichkeit. Versuchen Sie, zunächst die einfachen Verfahren zu beherrschen, bevor Sie sich den schwierigeren widmen und lassen Sie sich nicht entmutigen, wenn das Vorhaben misslingt. Für die Pflanzenvermehrung braucht man viel Geduld und Ausdauer – nicht nur, weil es einige Zeit dauert bis das Wurzel- und Blattwachstum einsetzt, sondern auch, weil gelegentlich die Vermehrung der Pflanzen nicht gelingen will. Es ist schier unmöglich, Vorkehrungen gegen alle eventuellen Widrigkeiten zu treffen.

Besonders Anfänger sollten sich zugute halten, dass sie über keinerlei Erfahrungswert bezüglich der Pflanzenvermehrung verfügen. Nur diese lehrt jedoch, welche Stecklinge sich schlecht bewurzeln. Eine Hilfestellung geben hier die Texte auf den Rückseiten der Samentütchen, wo besondere Ansprüche beschrieben sind.

Manche Pflanzen, ganz gleich ob sie aus Samen oder durch Stecklinge vermehrt werden, brauchen zum Bewurzeln besonders viel Wärme. Dies bedeutet, dass man in einen beheizbaren Anzuchtkasten investieren muss. Diese Anschaffung lohnt nur, wenn Sie sich dazu entschlossen haben, regelmäßig eine Vielzahl von Pflanzen zu vermehren.

Wenn Sie zum ersten Mal Pflanzen vermehren, sollten Sie es zunächst mit Samen und Stecklingen probieren. Mit zunehmender Erfahrung werden Sie sich sicherer fühlen und es mit schwierigeren und anspruchsvolleren Techniken versuchen wollen.

Für das Heranziehen von vielen Samen – ob nun im eigenen Garten gesammelt oder im Laden oder einem Samenhandel gekauft – ist keine besondere Ausrüstung notwendig. Alles was Sie benötigen ist eine saubere Schale oder einen Blumentopf, frisches Substrat sowie etwas Platz auf der Fensterbank.

Nachdem Sie erfolgreich Schalen voller Sämlinge herangezogen haben und deren Heranwachsen und Gedeihen beobachten konnten, werden Sie nun sicherlich andere Techniken der Pflanzenvermehrung ausprobieren wollen. Der nächste Schritt wird wohl die Vermehrung durch Stecklinge sein. Fuchsien und Pelargonien eignen sich hierfür besonders gut, da sie sich sehr leicht bewurzeln. Neben diesen gibt es jedoch noch viele andere bekannte Gartenpflanzen, die sich schnell und leicht durch Stecklinge vermehren lassen. Schneller als Sie glauben werden in Ihrem Garten Stecklinge aller Art das ganze Jahr über wurzeln. Dann ist der Zeitpunkt gekommen, sich der Pflanzenvermehrung durch Teilung und Ableger zu widmen. Mit zunehmender Erfahrung werden Sie es immer einfacher finden, jene Triebe zu erkennen, die das Potenzial haben, sich rasch zu bewurzeln und sich zu üppigen Pflanzen zu entwickeln. Für die meisten Gärtner stellt sich bald nicht mehr die Frage, ob bestimmte Pflanzen vermehrt werden sollen oder nicht, sondern vielmehr diejenige, was man mit all den neu herangezogenen Pflanzen machen soll. Die Pflanzenvermehrung ist für den Gärtner eine faszinierende und lohnenswerte Tätigkeit, die ihm das Gefühl von wirklicher Erfüllung und Freude gibt.

Links: Rasch wachsende Pflanzen wie Salat brauchen von der Aussaat bis zur Reife zwei bis drei Monate.

Rechts: Rosen werden in speziellen Gärtnereien im ›Feldbau‹ herangezoge

WAS IST VERMEHRUNG?

Beetpflanzen, Einjährige und viele Gemüsearten wachsen direkt aus Samen heran. Sie werden ausgepflanzt, man erfreut sich an ihnen oder verspeist sie, und am Ende der Saison werden sie entfernt. Stauden hingegen zieren über viele Jahre hinweg unsere Beete und Rabatten. Um sie zu verjüngen und ihr Wachstum zu fördern, müssen sie regelmäßig geteilt werden. Die bei diesem Vorgang gewonnenen Pflanzen können entweder für den eigenen Garten verwendet oder bei Freunden gegen neue Pflanzen eingetauscht werden.

Sträucher dienen oftmals dazu, dem Garten eine Grundform zu geben. Sobald die Sträucher den ihnen zugedachten Platz sprengen, können sie durch neue Pflanzen ersetzt werden. Diese zieht man aus Stecklingen oder Ablegern der ursprünglichen Pflanze.

Natürliche Vermehrung

Viele der wildwachsenden Pflanzen vermehren sich durch die Ausbringung von Samen. Diese werden durch Wind, Vögel und andere Tiere an einen Ort getragen, der die passenden Bedingungen für eine Keimung bietet. Nur selten keimen Samen direkt neben der Mutterpflanze. Denn das würde bedeuten, dass die beiden Pflanzen um Wasser und Nährstoffe konkurrieren müssten, sodass am Ende vielleicht keine von ihnen überlebt.

In der freien Natur bilden die meisten Pflanzen einmal im Jahr direkt nach der Blütezeit Samen aus. Einige Pflanzen sind selbstfruchtbar – das bedeutet, dass sie nicht den Pollen einer anderen Pflanze zur Befruchtung brauchen. Nicht selbstfruchtbare dagegen benötigen den Pollen einer anderen Pflanze derselben Art, damit sie befruchtet werden und Samen ansetzen können.

Wenn die Samen reif sind, werden sie von der Pflanze freigesetzt, damit sie einen geeigneten Ort für die Keimung finden.

Pflanzen können sich aber auch auf eine andere Art und Weise vermehren, nämlich durch unterirdisch wachsende Stängel, von denen aus Triebe an die Erdoberfläche wachsen oder mittels überhängender Triebe, die sich dort bewurzeln, wo sie auf den Boden treffen. Bei dieser Art der Vermehrung weist die neue Pflanze die absolut gleichen Eigenschaften wie die Mutterpflanze auf.

Aussaat versus vegetative Vermehrung

Die Pflanze produziert erst dann Samen, wenn die Befruchtung einer Samenanlage durch Pollen stattgefunden hat. Somit trägt jeder Samen die genetischen Eigenschaften beider Eltern in sich. Die Folge davon ist, dass jede

Pflanzengeneration sich in ihren Eigenschaften geringfügig voneinander unterscheiden kann – von der Winterhärte über die Wuchshöhe bis hin zur Blütenfarbe.

Firmen, die Pflanzensamen herstellen, führen umfassende Forschungen zum Thema Pflanzenzucht durch. Wenn diese Firmen garantieren können, dass alle aus ihren Samen herangezogenen Pflanzen die gleichen Eigenschaften aufweisen werden, verkaufen sie diese Samen als F1 (oder als erste Pflanzengeneration von bekannten Eltern).

Meistens jedoch sind die Ergebnisse nicht vorhersagbar und die Sämlinge variieren in Größe, Form und Blütenfarbe. Züchter schätzen dieses Phänomen als nützliches Mittel, um Pflanzen mit neuen Blütenformen zu finden.

Es gibt viele Pflanzen, die eine große Menge von Samen ausbilden. Diese eignen sich besonders gut dazu, schnell und einfach zahlreiche Jungpflanzen heranzuziehen. Dies ist besonders dann von Vorteil, wenn die Eigenschaften der Jungpflanzen nicht die gleichen sein müssen oder wenn eine große Menge an Sämlingen verlangt wird.

Im Gegensatz dazu bringt die vegetative Vermehrung (damit bezeichnet man alle anderen Methoden der Pflanzenvermehrung) Jungpflanzen hervor, die genetisch völlig identisch mit ihrer Mutterpflanze sind. Sie werden auch Klone genannt. Dies schließt Pflanzen ein, die aus Stecklingen, durch Teilung oder Ableger gewonnen wurden. Mithilfe dieser Techniken der Pflanzenvermehrung lässt sich eine kleinere Anzahl von Pflanzen, welche die absolut gleichen Eigenschaften wie ihre Mutterpflanze aufweisen, heranziehen.

Einige Pflanzen lassen sich ausschließlich durch vegetative Techniken vermehren. Andere Pflanzen widerum wie beispielsweise Zimtahorn *(Acer griseum)*, bilden nur sehr wenige fruchtbare Samen aus. Und bei wieder anderen müssen günstige Bedingungen geschaffen werden, wie eine niedrige Raumtemperatur, damit die Samen keimen.

Zeitliche Abstimmung

Obwohl es im Grunde genommen das ganze Jahr über möglich ist, Pflanzen zu vermehren, entscheidet in den meisten Fällen die Jahreszeit über den Erfolg oder Misserfolg. Damit die abgenommenen Stecklinge Wurzeln bilden und gedeihen, müssen sich meistens die Mutterpflanzen im aktiven Wachstum befinden. Aber auch dann lassen sie sich nur erfolgreich vermehren, wenn sie ein ganz bestimmtes Stadium erreicht haben. Zum Beispiel wurzeln die Stecklinge von Koniferen und einigen Immergrünen wie etwa *Pyracantha* ssp. nur unwillig, solange das Holz an der Stecklingsbasis nicht wenigstens halbausgereift ist. Andere Pflanzen, die durch Samen, Wurzeln und Stecklinge aus ausgereiftem Holz vermehrt werden, müssen eine Ruhezeit einhalten, bevor sie keimen, Wurzeln bilden oder anwachsen.

Links: Die über 100 Jahre alte Kletterrosensorte 'Zephirine Drouhin' wird auch heute noch vermehrt.

Rechts: Die geschraubten Zweige von *Corylus avellana* 'Contorta' lassen sich ausschließlich durch vegetative Vermehrung fortpflanzen.

WARUM VERMEHREN?

Heutzutage bieten Gartencenter, Gärtnereien und sogar Heimwerkermärkte fast zu jeder Jahreszeit wunderbar gewachsene und gesund aussehende Pflanzen an. Gartenkataloge sind voller verlockender Abbildungen von gut gewachsenen Bäumen und Sträuchern bis hin zu Setzlingen, die fertig zum Auspflanzen sind.

Sie werden fragen, welchen Grund es also gibt, sich die Arbeit zu machen und die eigenen Gartenpflanzen zu vermehren? Es gibt viele gute Gründe, Pflanzen zu vermehren, statt sie zu kaufen.

Kosten

Einer der Hauptgründe, Pflanzen zu vermehren, sind die Kosten, die sogar für ziemlich gewöhnliche, gewerbsmäßig herangezogene Pflanzen relativ hoch sind. Dabei bezahlt man hauptsächlich für Bequemlichkeit. Wird eine Auswahl von in Containern gezogenen Pflanzen gekauft, kann zu jeder Jahreszeit sofort ein vollständig bepflanzter Garten angelegt werden. Gerade wenn man seinen Garten umgestalten oder neu gestalten will, ist es verlockend, mittels gut entwickelter Pflanzen eine sofortige Wirkung zu erzielen. Der »Instant-Garten« geht aber ins Geld und bringt dennoch keine echte Befriedigung. Obwohl Gärtnern ein Hobby ist, an dem viele ihre Freude haben, steht nicht jedem ein unbegrenztes Budget zur Verfügung. Indem Sie Pflanzen selbst vermehren, können Sie jedes Jahr preiswert Ihren Garten mit neuen Pflanzen bestücken – abgesehen von den Ausgaben für Substrat und Pflanzgefäße (wobei diese wiederverwendbar sind und sich bald mehr als genug davon ansammeln), kosten Samen nur sehr wenig. Stecklinge bekommen Sie in der Regel gratis. Oftmals können von gekauften Pflanzen Stecklinge genommen werden oder aber man teilt die Mutterpflanze in mehrere kleine Pflanzen. Auf diese Weise erhalten Sie zahlreiche neue Pflanzen, die zusammen mit den ursprünglichen eine üppigere Wirkung im Garten ergeben. Eine Gruppe von Pflanzen einer Art ist wirkungsvoller als eine vereinzelte Pflanze.

Das Heranziehen von Sämlingen hat den großen Vorteil, dass man bei Bedarf Hunderte von neuen Pflanzen haben kann. Ein einziges Samentütchen kann von einem halben Dutzend bis zu mehr als 200 Samen enthalten. Letzteres ist besonders für Beetpflanzen ideal.

Bestandssicherung

Viele der beliebtesten und am häufigsten kultivierten Sommerblumen sind nicht zuverlässig winterhart. Wer sich alljährlich Unmengen bunter Blumen in seinen Rabatten und Töpfen wünscht, muss daher jedes Jahr erneut diese bedingt winterharten Pflanzen aussäen. Überwinternde Einjährige und Zweijährige werden ebenfalls aus Samen herangezogen. Obwohl bei vielen dieser Pflanzen der Samen nach dem Heranreifen herausfällt und sie sich dadurch auf natürlichem Weg vermehren, beeinflusst zusätzliches Aussäen den Bewuchs und somit die Wirkung der Beete.

Neben den alljährlich neu aus Samen herangezogenen Pflanzen sind einige weitere Pflanzen – vor allem Fuchsien und Pelargonien – nicht frosthart. Indem man jedes Jahr von ihnen Stecklinge nimmt, stellt man sicher, immer genügend Jungpflanzen zu haben.

Wenn Sie in Ihrem Garten eine seltene Pflanze oder eine von ideellem Wert haben, können Sie durch deren Vermehrung sicher stellen, dass sie Ihrem Garten erhalten bleibt – auch wenn die Mutterpflanze bedingt durch äußere Widrigkeiten wie eine Kälteperiode eingehen sollte. Außerdem ziehen Sie gleichzeitig einige neue Pflanzen heran, die Sie entweder in einem anderen Bereich Ihres Gartens anpflanzen, Gartenfreunden weitergeben oder bei ihnen mit anderen Pflanzen tauschen können. Auf diese Weise finden auch Arten und Sorten Verbreitung, die im Angebot von kommerziellen Gärtnereien mittlerweile nicht mehr zu finden sind. So wird gärtnerisches Erbe gesichert und unzählige wertvolle Sorten, die andernfalls für immer verloren gegangen wären, bleiben zur Freude zukünftiger Generationen erhalten.

Panaschiertes und farbiges Laub

Pflanzen mit panaschiertem Laub entstehen durch zufällige Zellmissbildungen. Diese Pflanzen können nicht durch Samen vermehrt werden. Daher ist für sie die vegetative Vermehrung die einzige Möglichkeit der Verbreitung. Das gleiche gilt für Pflanzen wie Korkenzieherhasel 'Contorta' *(Corylus avellana)*, deren Zweige verdreht wachsen. Manche Pflanzen mit gefärbten Blättern wie etwa die Atropurpurea-Gruppe, zum Beispiel die Blutbuche *(Fagus sylvativa)*, sind samenecht; die Sämlinge tragen aber häufig eine Mischung verschiedener Blattfarben – einige grüne Blätter, einige purpurrote und einige irgendwo dazwischen. Einen kompletten Schwung purpurfarbener Pflanzen erhält man nur, wenn Edelreiser von ursprünglich purpurblättrigen Pflanzen auf einjährige Sämlinge von Rotbuche gepfropft werden.

Varianten (Knospenmutation)

Pflanzen machen genetische Veränderungen durch. Sie mutieren und bringen Blüten, Blätter oder Triebe hervor, die sich von denen der Mutterpflanze unterscheiden. Züchter versuchen diesen Umstand zu ihrem Vorteil zu nutzen, neue Pflanzen mit veränderten Eigenschaften zu ziehen und damit die Grundlage für neue Sorten zu schaffen.
Die häufigsten Mutationen oder Varianten sind panaschiertes Laub bei immergrünen Pflanzen oder Blüten in einer anderen Farbe. Die Kletterrose 'Martha' zum Beispiel, die zartrosa Blüten hat, ist eine Variante (ein so genannter Sport) von 'Zephirine Drouhin', die dunkelrosa Blüten hat.

Links: Geißblatt lässt sich sehr leicht durch Stecklinge vermehren.

Rechts: Der Apfel 'Worcester Pearmain' wird durch Veredeln oder Pfropfen vermehrt, weil seine Stecklinge nicht anwachsen.

METHODEN DER VERMEHRUNG

Pflanzen können durch Aussaat, Stecklinge, Teilung, Ableger und Pfropfen vermehrt werden. Bis auf die Aussaat von Samen wird bei all diesen Methoden zur Pflanzenvermehrung ein Teilstück oder gar die gesamte Mutterpflanze verwendet.

Samen

Die Anzucht aus Samen ist der einfachste Weg, neue Pflanzen heranzuziehen. Bei gekauften Samen kann davon ausgegangen werden, dass die daraus herangezogenen Pflanzen genauso aussehen, wie es das Bild auf der Verpackung zeigt. Bei Saatgut aus dem eigenen Garten ist es dagegen ungewiss, ob die daraus herangezogenen Pflanzen genau dieselben Eigenschaften aufweisen wie die Elternpflanzen – außer es handelt sich um die erste Pflanzengeneration.

Einige Pflanzen wachsen aus Samen, die *in situ* ausgesät werden; andere Samenarten müssen unter einer Abdeckung ausgesät, angekeimt und später ausgepflanzt werden. Die Samen mancher Pflanzen können über mehrere Wochen ausgesät werden. Dieser Vorteil sollte genutzt werden, indem der Samen von beispielsweise Salat oder Rettich in zeitlichen Abständen ausgesät wird, sodass eine lange Ernteperiode gesichert ist.

Stecklinge

Stecklinge können von praktisch jedem Teil der Mutterpflanze außer den Blüten genommen werden. Welche Art von Steckling man von den Stängeln nimmt, hängt von der Jahreszeit ab. Es können grundständige und Grünstecklinge sowie solche aus halbreifem oder reifem Holz genommen werden. Viele Zimmerpflanzen werden durch Blattstecklinge vermehrt, die man fast ganzjährig nehmen kann. Bei Blattstecklingen gibt es drei Haupttypen: Blattstängel, Blattrippe und Blattteilstücke. Auch die Wurzeln können als Stecklingsmaterial benutzt werden.

Teilung

Krautartige Stauden – das sind Pflanzen, die zwei oder mehr Jahre leben – vermehrt man am einfachsten durch Teilung. Bei diesem Vorgang wird die gesamte Pflanze aus dem Boden genommen und der Wurzelstock auseinadergebrochen beziehungsweise -geschnitten, wobei jedes neue Teilstück bewurzelt sein muss. Diese Technik erzeugt nicht nur neue Pflanzen, sondern verjüngt gleichzeitig die Mutterpflanze, die sonst in der Mitte verfilzen würde.

wurzeln die Spitzen junger Triebe besonders leicht. Diese Technik kann auch zur Vermehrung von Pflanzen angewendet werden, die weniger biegsame Triebe haben, etwa Magnolien und einige Rhododendren. Auch Zimmerpflanzen wie der Gummibaum *(Ficus elastica)* lassen sich so am besten vermehren.

Pfropfen

Bei dieser Pflanzenvermehrungstechnik werden Teile von zwei Pflanzen miteinander verbunden, damit sie als eine einzige Pflanze weiter wachsen. Bei Obstbäumen ist es zum Beispiel üblich, die Wuchshöhe eines Baumes dadurch festzulegen, dass man eine Pflanze (ein Edelreis) auf eine weniger vitale Unterlage pfropft. Unterlagen können auch danach ausgewählt werden, ob sie resistent gegenüber bestimmten Schädlingen und Krankheiten sind und ob sie besondere Bodentypen oder Trockenheit tolerieren. Zudem kann man zwei oder mehr Edelreiser auf eine Unterlage pfropfen, wie bei »Duo«-Obstbäumen, bei denen zwei Sorten an einem Stamm wachsen.

Es gibt verschiedene Pfropftechniken, darunter Okulation, Kopfveredelung, Rindenpfropfen, Anplatten und Anschäften. Hobbygärtner wenden die Pflanzenvermehrungstechnik des Pfropfens nur selten an. Die größte Schwierigkeit besteht darin, sicherzustellen, dass die Unterlage und das gewählte Edelreis gut zusammenpassen, und die beiden Schnittflächen gut zusammenwachsen können.

Ableger

Das Ablegen ist die einzige Methode, bei der sich erst Wurzeln an Ranken und Trieben beziehungsweise Zweigen der Mutterpflanze bilden und diese erst nach der Wurzelbildung von der Mutterpflanze getrennt werden.

Weil bei dieser Vermehrungstechnik der Mutterpflanze kein Schaden zugefügt werden kann, eignet sie sich ideal für Experimente. Ableger kann man auf verschiedene Art und Weise gewinnen. Manche entstehen ohne fremde Hilfe, etwa wenn ein Zweig sich zur Erde herabbiegt und dort Wurzeln schlägt. Mit der Zeit bildet sich eine neue Pflanze heran. Bei Gehölzen wird ein Zweig seitlich abgebogen, mit Erde bedeckt und befestigt. Wenn er sich bewurzelt hat, wird er von der Mutterpflanze abgetrennt. Sollte er sich nicht bewurzeln, versucht man es mit einem anderen Zweig.

Die langen, weichen Triebe von Kletterpflanzen wie Geißblatt oder Jasmin können durch mehrmaliges Absenken zum Heranziehen von drei bis vier Pflanzen benutzt werden. Bei Brombeeren

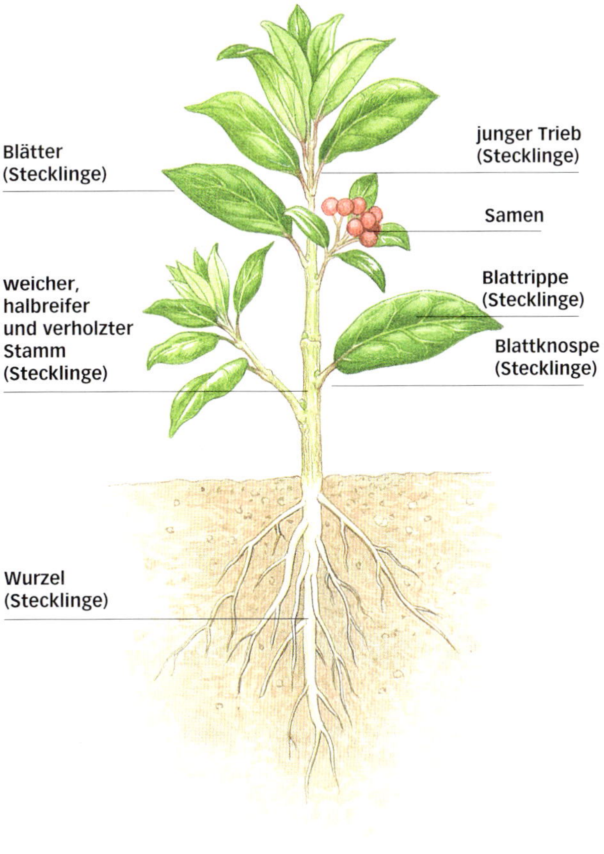

Für die Vermehrung verwendete Pflanzenteile

2 WERKZEUG UND ZUBEHÖR

Die meisten Werkzeuge, die man für die jeweiligen Methoden der Pflanzenvermehrung benötigt, werden auch für allgemeine Gartenarbeiten benutzt. Daher haben Sie sicher einige davon – zum Beispiel eine Gartenschere, Pflanzhölzer, Rechen und Hacken – schon in Ihrem Schuppen. Kaufen Sie keine teuren Werkzeuge oder Zubehörteile, solange Sie nicht alle wesentlichen Vermehrungstechniken ausprobiert und entschieden haben, in den kommenden Jahren eine oder mehrere weiterhin anzuwenden.

Einiges an Zubehör, wie etwa Saatschalen, Töpfe und Substrate, werden Sie sowohl für die Pflanzenvermehrung benötigen, als auch für ganz allgemeine Gartenarbeiten. Das Vorhandensein eines Bleistifts, Filzmarkers oder von Etiketten ist für Sie vielleicht selbstverständlich. Sie brauchen diese Dinge, um zu notieren, welche Pflanzen Sie wann vermehrt haben, und um die Saatreihen in einem Gemüsebeet zu kennzeichnen. Es gibt aber auch Werkzeug, wie ein scharfes Stecklingsmesser, ein Sieb oder Brettchen zum Andrücken der Aussaat, das ausschließlich zur Vermehrung benutzt wird, und das man nur selten braucht.

Für das Heranziehen von Sämlingen in Saatschalen oder von Stecklingen in Töpfen benötigt man lediglich ein wenig Platz auf einem Fensterbrett. Die heranwachsenden Jungpflanzen können auf dem selben Fensterbrett stehen, wie die Sämlinge und Stecklinge auch. Nichtsdestoweniger ist ein Gewächshaus etwas sehr Praktisches – besonders wenn es beheizt ist. Es bietet eine Umgebung, in der die empfindlichen Stecklinge überwintern und die im Herbst ausgesäten Sämlinge unter konstanten Temperaturen heranwachsen, bis man sie im Frühjahr ins Freiland setzt.

Für die Pflanzenvermehrung im Freiland braucht man noch eine Reihe weiterer Dinge, beispielsweise einen Rechen, etwas Gartenschnur und eine Hacke. Auch dieses Werkzeug haben Sie vermutlich bereits in Ihrem Schuppen stehen. Auch wenn es sich um kein Spezialwerkzeug handelt, ist es für die Schaffung der richtigen Bodenbedingungen zur erfolgreichen Pflanzenvermehrung unentbehrlich.

Wird die Gartenerde glatt gerecht und leicht angedrückt, bevor man die Samen aussät oder die Stecklinge in die Erde steckt, setzt sie sich später nicht mehr so stark. Wenn feinere Samen ausgebracht werden, muss man vor der Aussaat die Erde rechen bis sie feinkrümelig ist, damit die Samen ohne Schwierigkeiten keimen können.

Eine Gartenschnur – ein dünner, heller Faden, der von zwei Spindeln gehalten wird – erleichtert es dem Gärtner, in gerader Linie zu arbeiten. Stecklinge und Sämlinge sind einfacher zu pflegen, wenn sie vorher in geraden Reihen mit regelmäßigen Abständen gepflanzt wurden. In der Regel wachsen diese Pflanzen auch gleichmäßiger, weil alle den gleichen Anteil an Licht, Wasser und Nährstoffen erhalten.

Oben: Die meisten dieser Pflanzen wie etwa Pelargonien können mittels weicher Stecklinge vermehrt werden, die während der Wachstumsphase von der Mutterpflanze abgenommen werden.

Links: Man verwendet stets saubere Töpfe, weil Jungpflanzen während des Wachstums sehr anfällig für Krankheiten und Schädlingsbefall sind.

1 Gärtnervlies
2 Sieb
3 Gießkanne
4 Pflanzholz
5 Abziehlatte
6 Andrückbrettchen
7 Wetzstein
8 Tüten und Folien aus Polyäthylen
9 Glasscheiben
10 Wasserschale

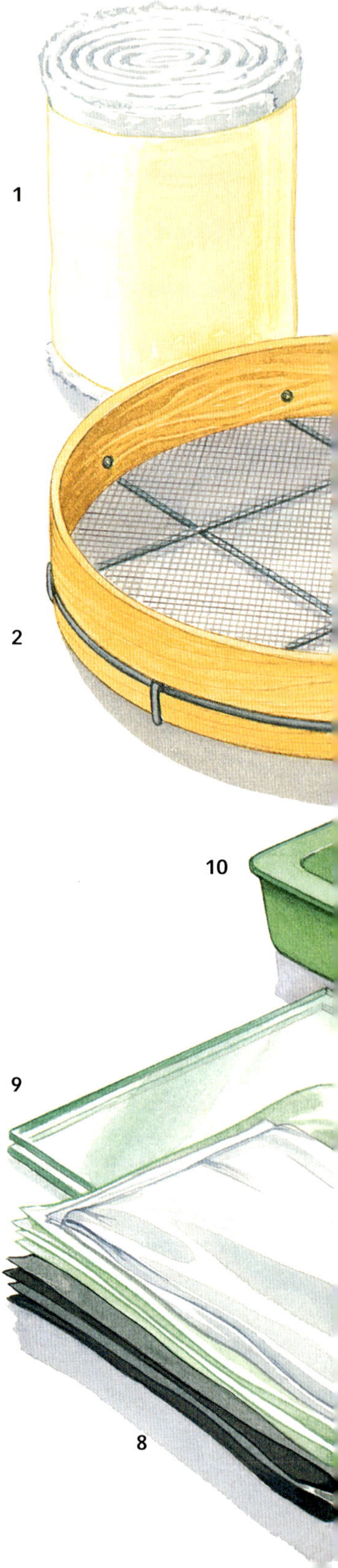

DIE GRUND-AUSSTATTUNG

Einige der wichtigsten und nützlichsten Zubehörteile werden auf den folgenden Seiten im Einzelnen vorgestellt. Aber auch die hier beschriebenen Geräte sind für die Pflanzenvermehrung unentbehrlich.

Pflanzholz

Obwohl man beim Pflanzholz (einem Werkzeug aus Holz oder Plastik mit stumpfem Ende) zunächst einmal ans Umpflanzen denkt, kann es genauso gut dafür benutzt werden, größere Samen in eine bestimmte Erdtiefe einzubringen.

Glasscheiben

Wird eine Glasscheibe über eine Aussaatschale oder einen Topf gelegt, so hält sich darunter die Luftfeuchtigkeit besser. Diese ist notwendig, um das Wachstum der Sämlinge oder Stecklinge anzuregen. Eine Glasscheibe hat den weiteren Vorteil, dass Licht die Oberfläche des Substrates erreicht, was besonders für Lichtkeimer wichtig ist. Aber nicht nur Samen benötigen Licht zum Keimen, sondern auch junge Sämlinge und Stecklinge brauchen es beim Wachstum.

Gärtnervlies

Das federleichte Material schützt einmal Stecklinge und Sämlinge im Frühjahr vor Spätfrösten, die sogar die kräftigsten Pflanzen schädigen können, sofern diese noch jung sind. Außerdem sorgt es für Schatten auf den empfindlichen Blättern von Jungpflanzen, die durch zu starke Sonneneinwirkung schnell verbrennen.

Tüten und Folien aus Polyäthylen

Plastiktüten sind ein wichtiges Zubehör bei vielen Gartenarbeiten. Besonders praktisch sind sie zum Sammeln von Stecklingen. Sie verringern den Feuchtigkeitsverlust und halten das gesammelte Material lange frisch, sodass man es nicht sofort setzen muss. Wird eine Tüte über das Pflanzgefäß gestülpt und durch ein elastisches Band befestigt, so ersetzt dies den Anzuchtkasten.

Um die Jungpflanzen zu schützen, kann klare Plastikfolie über einen Drahtbügel gezogen werden.

Dadurch werden die Pflanzen wärmer gehalten, was wiederum ihr Wachstum fördert. Bedeckt man die Beete mit schwarzer

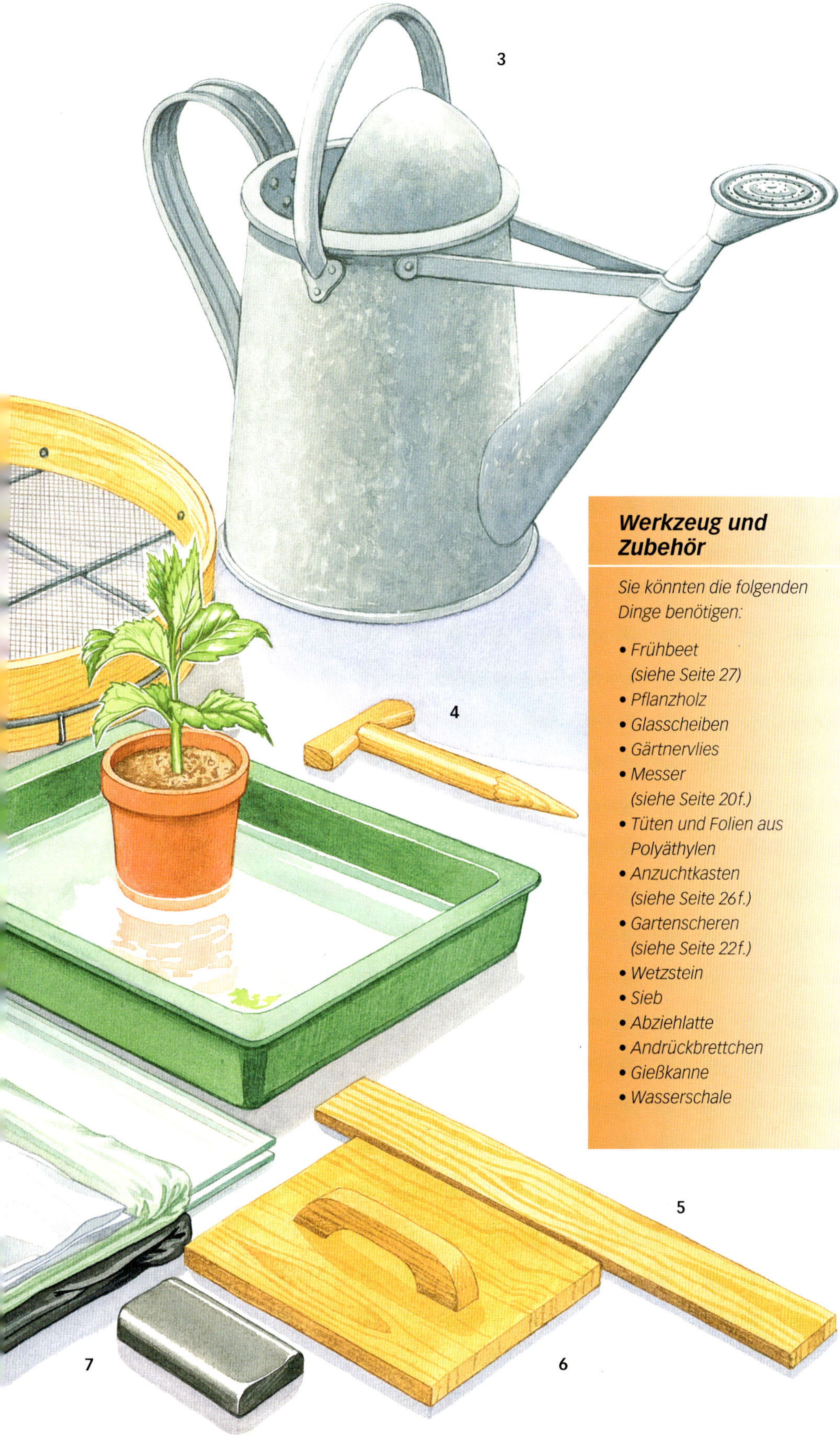

Werkzeug und Zubehör

Sie könnten die folgenden Dinge benötigen:

- *Frühbeet (siehe Seite 27)*
- *Pflanzholz*
- *Glasscheiben*
- *Gärtnervlies*
- *Messer (siehe Seite 20f.)*
- *Tüten und Folien aus Polyäthylen*
- *Anzuchtkasten (siehe Seite 26f.)*
- *Gartenscheren (siehe Seite 22f.)*
- *Wetzstein*
- *Sieb*
- *Abziehlatte*
- *Andrückbrettchen*
- *Gießkanne*
- *Wasserschale*

Folie und pflanzt Stecklinge aus ausgereiftem Holz, so dient diese als Mulchfolie. Schwarze Folie dient im Frühjahr aber auch dazu, den Boden zu wärmen und dadurch die Keimung der Saat und das Anwurzeln von Freilandstecklingen zu verbessern.

Wetzstein

Bei einem qualitativ hochwertigen Messer, dass man ausschließlich zum Schneiden von Stecklingen benutzt, wird man dessen Klinge nur selten schärfen müssen. Dennoch ist es von Vorteil, einen Wetzstein zu haben, um Klingen stets sauber und scharf halten zu können (siehe auch Seite 21).

Sieb

Möchte man Pflanzen aus besonders feinen Samen ziehen, dann ist ein Sieb ein unabdingbares Hilfsmittel. Denn für die Aussaat von feinem Samen braucht man sehr feinkörniges Substrat sowie eine dünne Deckschicht. Das Sieb sollte eine Maschengröße von 3 mm haben. Es sei denn, Sie möchten extrem feinen Samen ausbringen.

Abziehlatte

Ein gerades Stück Holz, das einem Lineal ähnelt und 3–5 cm breit ist, wird dazu verwendet, das überschüssige Substrat zu entfernen.

Andrückbrettchen

Man verwendet das Brettchen dazu, das Substrat im Pflanzgefäß vor der Aussaat leicht anzudrücken. Denn um gut zu keimen und zu wachsen, brauchen die meisten Samen ein ebenes Saatbeet. Ein Andrückbrettchen (ein flaches Holzbrettchen mit einem Griff auf der Oberseite) wird für eckige Saatschalen verwendet. Runde »Stampfer« (normalerweise ein kreisrundes Holzbrett mit einem Griff wie bei einem Stempel) sind meist kleiner und werden zum Andrücken in kleinen Töpfen verwendet.

Bei manchen Andrückbrettchen (auch Stachelbretter genannt) befinden sich an der Unterseite zahlreiche kleine Holz- oder Plastikstifte – sozusagen »Mini-Pflanzhölzer«. Diese hinterlassen beim Andrücken im Substrat Löcher. In diese können Samen, Setzlinge oder Stecklinge eingesetzt werden, wodurch ein gleichmäßiger Abstand zwischen den Pflanzen garantiert wird.

Wenn man Stecklinge aussetzen will, ist für die Vorbereitung des Substrats ein Andrückbrettchen nicht wirklich notwendig, da das Substrat viel lockerer und besser belüftet sein sollte als das von Aussaaten.

Gießkanne

Bei einer Gießkanne ist die Brause an der Tülle viel wichtiger als die Gießkanne selbst. Am besten eignet sich eine Feinbrause, welche die Stecklinge, Aussaaten und Sämlinge mit feinem Nieselregen besprüht.

Wasserschalen

Bei feinem Samen oder sehr kleinen Stecklingen kann es nützlich sein, statt zu Gießen eine Wasserschale zu verwenden. Hierfür wird das Pflanzgefäß mit den Samen und Stecklingen in die Wasserschale gestellt. Somit kann sich das Substrat nun mit Wasser aus der Schale versorgen, ohne dass die Aussaaten oder Stecklinge gestört werden. Dieses Verfahren kann über mehrere Wochen hinweg wiederholt werden, bis die Pflanzen kräftig genug sind, um von oben begossen zu werden. Diese Art und Weise des Bewässerns kann jedoch dazu führen, dass Dünger ausgewaschen und so das Pflanzenwachstum verlangsamt wird.

MESSER

Eines der wichtigsten Werkzeuge zur Pflanzenvermehrung ist ein Messer. Beim Kauf eines solchen sollten Sie darauf achten, dass es die richtige Größe hat, gut zu handhaben ist und angenehm in der Hand liegt. Von Vorteil ist auch, wenn es sich zusammenklappen lässt, um in der Hosentasche verstaut zu werden.

Es gibt für bestimmte Arbeiten spezielle Messer, so etwa zum Pfropfen und Okulieren. Entscheidend aber ist, das die Klinge scharf ist und das Messer sauber schneidet. Der Griff sollte keine scharfen Kanten oder hervorstehende Nieten haben, die Ihre Hand wund werden lassen oder Blasen verursachen könnten. Besonders wenn es sich um Ihr erstes Gartenmesser handelt, sollten Sie eines mit gerader Klinge wählen, denn diese lässt sich leichter säubern und schärfen als eine geschwungene.

Beim Schneiden von Stecklingen ist ein glatter, ziehender Schnitt erforderlich. Daher ist es empfehlenswert, ein Messer anstelle einer Gartenschere zu benutzen. Mit einem guten, scharfen Messer lässt sich ein sauberer, glatter Schnitt machen, ohne dabei das Pflanzengewebe zu zerfransen oder zu quetschen. Je weicher die Pflanzenstängel sind, desto wichtiger ist die Qualität des Schnittes. Das an der Schnittstelle zerdrückte Gewebe führt zu Fäulnis und diese wiederum führt dazu, dass weitere Stecklinge an Fäulnis erkranken und dadurch weniger Wurzeln ausbilden.

Messerarten

Messer, die man benutzt, um Stecklinge zu schneiden, sollten eine gerade Klinge haben – be-

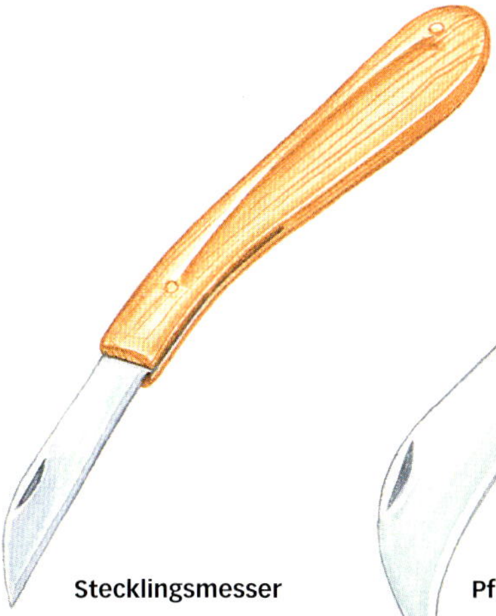

Stecklingsmesser

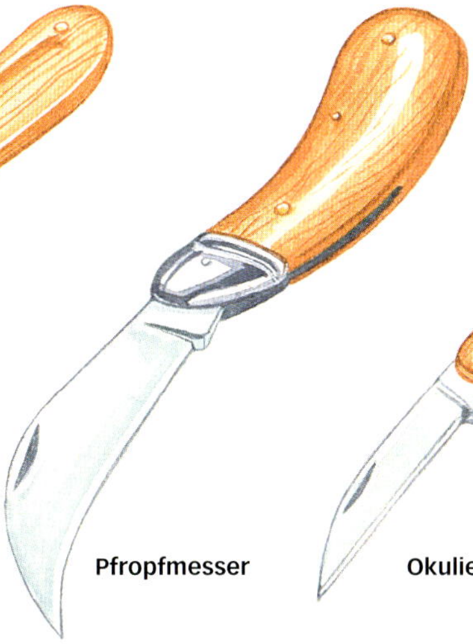

Pfropfmesser

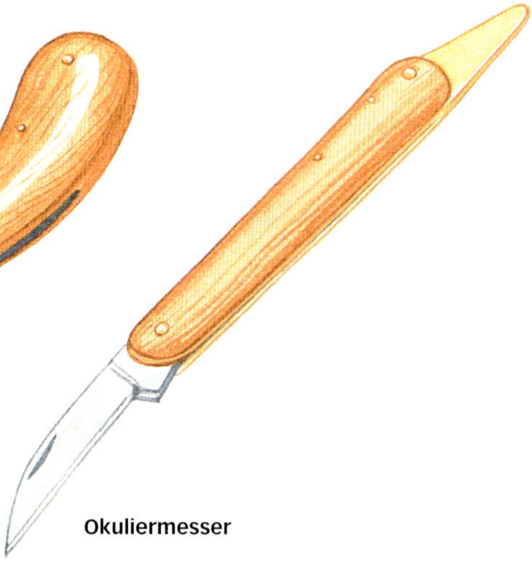

Okuliermesser

sonders bei weichen Stängeln. Diese Klinge sollte in einer scharfen Spitze enden, damit man mit ihrer Hilfe notfalls kleine Zwischenräume erreichen kann. So können auch kniffelige Arbeiten ausgeführt werden, wie das Entfernen von Blättern, ohne dass der Stängel oder andere Teile des Stecklings verletzt werden.

Das Pfropfmesser ist schwerer und größer als das Stecklingsmesser. Um festes, reifes Holz schneiden zu können, sollte die Klinge breit und der Griff schwer und stabil sein.

Okuliermesser sind normalerweise die leichtesten der für die Pflanzenvermehrung benutzten Messer, weil sie nur einige wenige Schichten des Pflanzengewebes durchtrennen müssen. Dieser Messertyp hat meist eine sehr dünne, geschwungene Klinge. Das Griffende kann spitz zulaufen oder ein spatenförmiges Ende haben, um damit eine Rindenlasche schonend anzuheben.

Richtig schneiden

Ungeachtet der benutzten Messerart ist es wichtig, dass das Messer gut in der Hand liegt und es sich gut damit arbeiten lässt. Dadurch wird das Risiko verringert, sich zu schneiden. Das Messer sollte immer scharf sein, denn bei einem stumpfen ist man genötigt, mehr Kraft anzuwenden. Dies führt unwillkürlich zu einem schlechten Schnitt, wenn nicht gar zu Verletzungen.

Die einfachste Methode zu schneiden ist, den betreffenden Pflanzenteil zwischen die Messerklinge und den Daumen zu legen und dann beides nach oben zu ziehen. Dabei müssen aber das Messer und der Daumen in derselben Richtung und Geschwindigkeit bewegt werden.

Schärfen

Ein regelmäßig benutztes Messer muss von Zeit zu Zeit nachgeschärft werden.

Man trägt etwas Öl auf die glatte Oberfläche eines Wetzsteines, verteilt es mit der Fingerspitze auf der Steinoberfläche und zieht dann die Klinge mit sanftem Druck an dem eingefetteten Wetzstein entlang. Dieser Vorgang wird mehrmals auf nur einer Seite der Klinge wiederholt. Danach wendet man die Klinge und schärft die andere Seite. Zum Schluss werden alle Ölrückstände von der Klinge gerieben. Sollte die Klinge stumpf sein, beginnt man mit dem Schärfen auf der rauen Seite des Steines und beendet es auf der glatten Seite.

Sicherheit hat Vorrang

Nach Möglichkeit schneidet man immer zum Körper hin. Dies mag zwar dem gesunden Menschenverstand widersprechen, doch gibt diese Schnittweise einem ein Höchstmaß an Kontrolle über den Schnitt. Schneidet man die Pflanze in der Weise, wie man einen Bleistift mit dem Messer anspitzt – also vom Körper weg – so verringert sich die Kontrolle über den Schnitt in sehr starken Maße. Sollten Sie sich beim Schneiden weicher, saftiger Pflanzen unsicher fühlen, dann legen Sie diese einfach auf ein Holzbrett und schneiden sie darauf. Dazu muss das Messer scharf sein; andernfalls wird das weiche Pflanzengewebe zerquetscht.

Von links nach rechts: Gartenschere mit Papageienschnabelklinge, Ambossschere, Beipasshandschere sowie Löwe-Schere.

GARTENSCHEREN

Scharfe Gartenscheren (Rosenscheren) sind überall im Garten eine Hilfe. Man kann sie für alles benutzen, vom Ausschneiden von Verblühtem bis hin zum Gehölzschnitt. Um Stecklinge zu schneiden, ist es ratsam, eine Gartenschere zu haben, mit der man ausschließlich Stecklinge schneidet. Voraussetzung sind natürlich zwei scharfe Klingen. Die meisten Scheren nehmen es mit Trieben bis zur Dicke eines Fingers auf, was für die Zwecke der Pflanzenvermehrung bei weitem ausreicht. Hat man einmal eine Gartenschere gefunden, mit der man gern arbeitet, dann wird diese über Jahre benutzt werden. Sie wird zu einem der wichtigsten und am häufigsten benutzten Werkzeuge werden.

Gartenscheren auswählen

Bei Gartenscheren gibt es eine breite Auswahl von Typen und Fabrikaten und obwohl es vermessen erscheint, ein teures Produkt zu kaufen, wird solch eine Schere bei etwas Pflege und Sorgfalt weit länger halten als ein billigeres Exemplar. Vor dem Kauf sucht man die passende Größe aus, nimmt sie in die Hand und prüft, ob es sich angenehm anfühlt. Achten Sie darauf, dass die Schere nicht zu schwer oder zu leicht ist. Sie sollten ohne Schwierigkeiten die Griffe zusammendrücken können. Manche Hersteller bieten Scheren speziell für Links- oder Rechtshänder an.

Die meisten modernen Gartenscheren sind aus leichtem Karbonstahl hergestellt. Eine oder beide Klingen sind antihaftbeschichtet, um das Schneiden zu erleichtern und zu verhindern, dass Pflanzensaft die Schere rosten lässt. Die Griffe können aus Fiberglas, geformtem Nylon oder einer leichtgewichtigen Aluminiumlegierung sein, die mit Vinyl beschichtet ist, damit man beim Schneiden nicht abrutscht. Eine Feder zwischen den Griffen sorgt dafür, dass man sich nicht die Finger einquetscht.

Gartenscheren für die Pflanzenvermehrung

Dafür gibt es verschiedene Arten von Scheren:

- Die Gartenschere mit Papageienschnabelklingen besitzt zwei gebogene Klingen, die dicht aneinander vorbeigleiten und wie eine Schere schneiden.

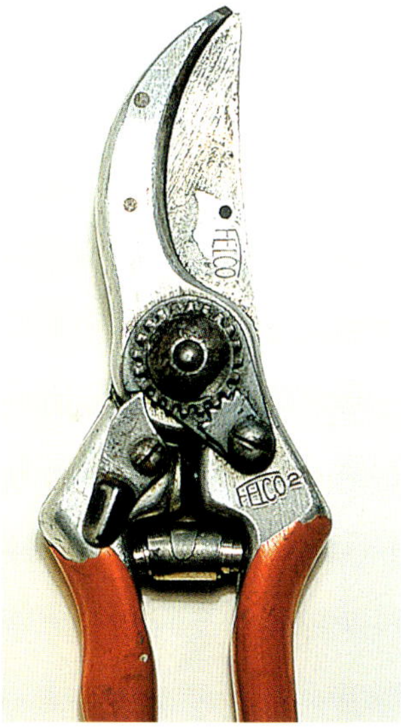

Kauf von Gartenscheren

Vor dem Kauf einer Gartenschere prüft man, ob:

- *sie nicht zu schwer und dadurch unhandlich ist*
- *sie sich leicht öffnen und schließen lässt*
- *man den Sicherheitsverschluss leicht öffnen kann*
- *die Spannweite der Griffe für die Hand nicht zu groß ist*

- Beim Ambossmodell steht eine scharfe Schneide einer flachen Metallfläche gegenüber.
- Die Beipasshandschere hat zwei geschwungene Klingen mit je einer scharfen Schneidefläche, wobei eine gegen die andere schneidet.
- Die Löwe-Schere besitzt zwei Klingen mit je einer geraden, scharfen Schneidefläche, die beim Schneiden fest aufeinander treffen.

Manche Ambossscheren haben einen eingebauten Ratschenmechanismus, mit dem man einen Zweig in Etappen abschneiden kann. Dieser Mechanismus nutzt all jenen, die viel verholztes Pflanzenmaterial schneiden müssen.

Die Gartenschere mit Papageienschnabelklingen eignet sich für Pflanzenvermehrungszwecke besonders gut. Der scherenartige Schneidevorgang der Klingen quetscht beim Schneiden nicht das empfindliche Pflanzengewebe. Anders ist dies bei der Ambossschere, wo ein Gewebeschaden unvermeidlich ist.

Pflege der Gartenscheren

Mit allen Modellen der Gartenschere kann ein guter, sauberer Schnitt erzielt werden. Voraussetzung dafür ist natürlich die richtige Anwendung sowie regelmäßiges Säubern und Schärfen der Klingen.

- *Gartenscheren sollten niemals zum Schneiden von Draht benutzt werden, denn das beschädigt die Klinge. Auch Kompostsäcke, die sich im Mechanismus verfangen könnten, sollten nicht mit der Gartenschere aufgeschlitzt werden.*
- *Nach Beendigung der Arbeiten wischt man die Klingen ab, um den daran klebenden Pflanzensaft zu entfernen und lässt sie vor dem Schließen trocknen.*
- *Achten Sie darauf, dass das Lager immer gut geölt ist, sodass es leichtgängig bleibt und Ihre Gelenke schont. Wenn die Schere eine Feder hat, ölt man sie am Saisonbeginn und -ende, um sie rostfrei und leichtgängig zu halten. Wird Öl benutzt, dann achtet man darauf, alle Rückstände von den Klingen zu entfernen. Sobald Öl auf die Stecklinge gelangt, wurzeln sie nicht mehr.*
- *Einmal im Jahr wird man die Schneideklingen schärfen müssen. Für den Fall, dass ernsthafte Beschädigungen festgestellt werden, gibt es Händler, wo Ersatzklingen zu erhalten sind.*
- *Einige der führenden Hersteller haben sogar eine Kundendienstabteilung, sodass man seine Schere für eine Generalüberholung einsenden kann.*

Benutzen von Gartenscheren

Beim Schneiden von Stecklingsmaterial wird eine andere Schnitttechnik angewandt als beispielsweise beim Rückschnitt von Pflanzen, wo der einzukürzende Stängel nah an der Klingenbasis angesetzt wird, damit er sicher gehalten werden kann. Wenn der Schnitt jedoch mit der Klingenspitze ausgeführt wird, lassen sich die Griffe leichter zusammendrücken oder öffnen. Dadurch wird beim Schneiden nicht das empfindliche Pflanzengewebe der dünnen Stecklingsstängel gequetscht. Der Schnitt ist sauber und exakt.

Links: Sobald Samen zu keimen und zu wachsen beginnen, benötigen sie mehr Platz. Damit sie nicht verkümmern, müssen sie umgepflanzt werden.

PFLANZGEFÄSSE

Schon innerhalb weniger Jahre sammeln sich Dutzende von Töpfen verschiedener Größen und Formen sowie andere Arten von Pflanzgefäßen an. Solange sie gründlich gesäubert werden, können sie alle für den Zweck der Pflanzenvermehrung benutzt werden. Da Stecklinge und Sämlinge nach dem Bewurzeln gleich wieder umgetopft werden, ist es sinnvoll, mit dem Substrat sparsam umzugehen und am Anfang so viele der kleinen Töpfchen zu benutzen wie notwendig. Man kann sogar die palettenartigen Gefäße wiederverwenden, die von Gartencentern benutzt werden, um mehrere Pflanzen zusammenzupacken. Da diese Gefäße meist breit und flach sind und aus festem Kunststoff bestehen, eignen sie sich besonders gut für Pflanzen, die im Freien keimen. Um zu verhindern, dass Substrat ausgespült wird, legt man ein wenig Zeitungspapier zuunterst.

Pflanztöpfe

Bei Pflanztöpfen gibt es ein breites Spektrum an Größen und Formen. Die Grundform jedoch ist bei allen die gleiche und hat sich seit Jahrzehnten bewährt. Jene mit leicht abgeschrägten Wänden, bei denen die Töpfe oben einen größeren Durchmesser haben als unten, bieten den Pflanzen ausreichend Raum zum Wachsen. Diese Form des Topfs bietet den Vorteil, dass das Umtopfen von Pflanzen relativ einfach ist. Aufgrund der kleinen Bodenfläche wird jedoch die Standfestigkeit beeinträchtigt, sobald das Substrat austrocknet. Pflanztöpfe werden traditionell aus Ton (Terrakotta) oder aus Plastik hergestellt.

Plastiktöpfe sind leicht, was von Vorteil ist, wenn sie auf Regalen oder Gestellen platziert werden. Sie halten Feuchtigkeit gut, sind preisgünstig und nahezu unverwüstlich. Außerdem sind sie leicht aufzubewahren und zu lagern. Schließlich kann man sie gut reinigen, was bei der Pflanzenvermehrung besonders wichtig ist.

Tontöpfe haben ein gewisses Flair und sind, besonders in nassem Zustand, schwer genug, um

Die Wahl des richtigen Pflanzgefäßes

Welches Pflanzgefäß man zur Aussaat wählt, hängt davon ab, wie viel Samen man säen will und welche Größe dieser hat. Wenn nur wenige Samen oder einige große Einzelsamen gesät werden, dann sind Töpfe als Pflanzgefäß die richtige Wahl, denn sie brauchen wenig Substrat und Platz. Will man einen ganzen Schwung von Samen oder Stecklingen heranziehen, so eignet sich eine mittlere oder große Saatschale hierfür besser. Denn je mehr Samen Sie in einer Schale aussäen, desto weniger Platz hat die einzelne Pflanze. Dicht gedrängte Pflanzen leiden schneller an Pilzinfektionen als solche, die mehr Abstand zueinander haben, da dort die Luft nicht oder nur sehr schlecht um die einzelne Pflanze zirkulieren kann.

standfest zu sein. Die Töpfe sind in der Anschaffung teurer als Plastiktöpfe. Aufgrund der Verdunstung durch die Tonwände geht außerdem Feuchtigkeit verloren, was bedeutet, dass Pflanzen in Tontöpfen öfter gegossen werden. Außerdem können Tontöpfe durch Frost beschädigt werden. Sie sind zerbrechlich, daher muss man beim Arbeiten darauf achten, sie nicht versehentlich umzustoßen oder fallen zu lassen. Schließlich sind Tontöpfe schwer zu reinigen.

Ob nun Ton- oder Plastiktöpfe verwendet werden, hängt vor allem von persönlichen Vorlieben ab und davon, was man gerade zur Hand hat.

Was die Pflanzenvermehrung angeht, so sind beide Materialien bestens dafür geeignet. Entscheidend wird vor allem das Gewicht sein, welches der Arbeitstisch tragen kann: Eine große Zahl mit feuchter Erde gefüllter Tontöpfe könnte die maximale Belastbarkeit einer einfachen Gewächshausstellage überschreiten.

Pflanzgefäße, die sich für die Vermehrung von Pflanzen eignen, reichen von Schalen verschiedener Größe über Multipaletten bis hin zu Plastik- und kompostierbaren Töpfen.

Saatschalen

Saatschalen kann man hauptsächlich in zwei Größen kaufen. Diese rechteckigen Schalen sind, wie der Name schon sagt, ideal für die Aussaat von Samen oder die Anzucht von Stecklingen. Das Substrat in einer Saatschale ist flacher als in einem Topf. Als Ausgleich können sich die Wurzeln jedoch besser in der Horizontalen ausbreiten. Die kleineren Schalen sind nur halb so groß wie die größeren. Sie eignen sich demzufolge für eine kleinere Samenmenge oder weniger Stecklinge. Die größeren Schalen sind auf alle Fälle vielseitiger einsetzbar, denn mittels spezieller Einsätze kann man sie in kleinere Abschnitte unterteilen.

Man bekommt beide Größen entweder aus stabilem, vorgeformtem Kunststoff, der mehrere Jahre hält oder aus viel dünnerem, leichterem Plastik, das nur für eine Saison gedacht ist. Außerdem sind Einsätze für die größeren Schalen erhältlich mit deren Hilfe die Schale in kleine Zellen unterteilt wird. Somit können auch in großen Schalen einzelne Samen oder kleine Gruppen, die man später dann vereinzelt, ausgesät werden.

Es gibt Einzelzellen, die so stabil gebaut sind, dass sie auch ohne den Halt der Saatschale stehen. Diese Gefäße eignen sich ideal zur Aussaat einzelner Samen oder zum Bewurzeln einzelner Stecklinge.

Kompostierbare Töpfe

Diese Töpfe werden normalerweise aus Holzfasern oder gepresstem Torf hergestellt und können gebrauchsfertig in Multipacks gekauft werden. Diese Topfvariante ist besonders bei solchen Pflanzen zu empfehlen, die eine Störung im Wurzelbereich übel nehmen. Beim Umpflanzen werden die Wurzeln nicht beschädigt, da die Pflanze mitsamt des kompostierbaren Topfes umgepflanzt wird. Später können die Wurzeln einfach die Topfwände durchdringen und in das neue Substrat wachsen. Für Tomaten und andere Gemüsearten, die erst ins Freie gepflanzt werden, wenn das Wetter es erlaubt, sind solche Töpfe ideal.

Wenn kompostierbare Töpfe zu wenig gegossen werden, neigen sie dazu, völlig auszutrocknen. Werden sie zu viel gegossen, dann werden sie schnell moderig. Als kurzfristige Maßnahme eignen sie sich aber gut.

Links: Das Frühbeetfenster wurde geöffnet, um die Pelargoniensteckling an die Freilandbedingungen zu gewöhnen.

ANZUCHTKÄSTEN ZUR VORKULTUR

Ideale Standortbedingungen reduzieren bei den Jungpflanzen die Stressfaktoren auf ein absolutes Minimum. Diese Standortbedingungen sind abhängig von der jeweils angewandten Vermehrungsmethode, der Pflanzenart und deren Ansprüchen. In einem optimalen Umfeld wird sich der Erfolg beim Heranziehen von Sämlingen erhöhen. Je schneller die jungen Pflanzen heranwachsen und sich selbst versorgen können, desto eher können sie zum weiteren Wachstum ins Freie umgepflanzt werden.

In einer geschützten Umgebung können die für das Pflanzenwachstum kritischen Faktoren, wie beispielsweise die Feuchtigkeit des Bodens und der Luft sowie Wärme, überwacht und reguliert werden.

- Der Feuchtigkeitsverlust der Pflanzen und des Substrates kann auf ein Minimum reduziert werden.
- Wenn die Luft um die Stecklinge herum feucht gehalten wird, verlieren diese weniger Blätter. Dadurch können die Pflanzen größere Wassermengen speichern, die wiederum die Zellen intakt halten.
- Manche Samen brauchen eine bestimmte Temperatur, um keimen zu können. Einige Stecklinge bewurzeln sich schneller, wenn die Bodentemperatur im ›Bewurzelungsbereich‹, das heißt die Temperatur im Fußbereich der Stecklinge, höher ist.

Anzuchtkästen

Speziell für die Pflanzenvermehrung angefertigte Anzuchtkästen variieren von ganz einfach bis zu aufwendig. Was man auswählt, hängt vom Budget, dem zur Verfügung stehenden Platz und den eigenen Ambitionen ab. Eine teurere Anlage lohnt sich, wenn man viel vermehren oder mit einigen eher ungewöhnlichen und schwierigen Pflanzen experimentieren möchte.

Die einfachste Anlage besteht aus einem schlichten Plastikdeckel, der auf eine Saatschale passt. Halten Sie nach einem Deckel Ausschau, der eine Öffnung hat, sodass Sie die Luftfeuchtigkeit im Kasten überwachen können. Sobald die Pflanzen in der

Saatschale richtig gewachsen sind, kann der Deckel entfernt und auf eine andere Saatschale gelegt werden. Die größeren Ausführungen von Anzuchtkästen bestehen aus einer großen Bodenschale und einer passenden Abdeckung, in die mehrere Saatschalen gestellt werden können.

Elektrisch beheizbare Anzuchtkästen verfügen über eine Kunststoffabdeckung sowie ein Bodenelement, das thermostatisch regulierbare Heizkabel enthält. Zum Abdecken der Kabel und zur besseren Verteilung der Wärme wird über die Heizkabel eine Schicht Sand gelegt. Auf diese werden dann die Saatschalen gestellt. Die Temperatur im Anzuchtkasten sollte den Ansprüchen der jeweiligen Samen oder Stecklinge entsprechen. Zu hohe Temperatur kann bei manchen Pflanzen wie etwa Koniferen eine Bewurzelung eher verhindern als fördern.

Frühbeete

Ein Frühbeet gibt den Pflanzen etwas zusätzlichen Schutz. Ihr wahrer Wert liegt aber darin, die Pflanzen zu akklimatisieren, bevor sie ins Freie ausgepflanzt werden. Ein Frühbeet ist eine unbeheizte Konstruktion mit einem kastenartigen Holz- oder Betonrahmen, der auf dem Boden steht. Auf dem Rahmen liegt ein Glasfenster oder eine Kunststoffscheibe, die das Tageslicht einfallen lässt.

Das Frühbeetfenster ist normalerweise mit Scharnieren an der Rückwand befestigt und kann geöffnet werden, um die Luftzufuhr zu regulieren. Größere Frühbeete können fest konstruiert sein, die kleineren leisten aber einen genauso guten Dienst.

Wenn ein Frühbeet direkt auf dem Erdboden steht, kann man es dazu verwenden, verholzte Stecklinge über Winter im Boden zu bewurzeln. Obwohl solche Stecklinge keinen Schutz brauchen, bewurzeln sie sich in der Regel schneller, wenn man sie vor Kälte schützt.

Steht das Frühbeet auf einem festen Untergrund, können Schalen mit abgehärteten Jungpflanzen oder solchen Aussaaten hineingestellt werden, die ohne Heizung im Freien keimen. Sobald das Wetter wärmer wird, kann tagsüber das Fenster geöffnet werden, um die Jungpflanzen langsam an die Freilandbedingungen zu gewöhnen. Dabei sollte darauf geachtet werden, den Zeitabschnitt, in dem das Fenster geöffnet ist, stetig zu verlängern. Drohen Spätfröste, können die Frühbeetfenster zum Schutz der heranwachsenden Setzlinge geschlossen werden.

Glasglocken und Folientunnel

Glasglocken oder eine Bahn aus Polyäthylen, die über niedrige, in den Boden gesteckte Bügel gespannt wird, bilden ein perfektes Umfeld zur Vermehrung von winterharten Gewächsen, die keine Heizung brauchen. Haben die Samen gekeimt, kann man die Glocke oder den Folientunnel entfernen und die Sämlinge *in situ* wachsen lassen, bis sie groß genug zum Verpflanzen sind. Stülpt man im Frühjahr eine Glasglocke über die Fläche, auf der später Jungpflanzen wachsen sollen, erwärmt sich der Boden darunter, sodass die Pflanze gute Startbedingungen hat.

Gewächshäuser

Die optimale Ausführung eines Gewächshauses ist beheizbar und kann zugedeckt oder belüftet werden, je nachdem, welche Pflanzen gerade darin wachsen. Der einzige Nachteil eines solchen Gewächshauses besteht darin, dass nicht immer alle Pflanzen die gleichen Ansprüche haben. Deshalb ist es häufig sinnvoller, für Jungpflanzen einen Anzuchtkasten zu benutzen und sie erst in das Gewächshaus umzusetzen, wenn sie nicht mehr so anfällig sind. Damit Licht einfallen kann, sollten die Scheiben regelmäßig gereinigt werden.

Mini-Glocken

Um eine Mini-Glocke für die Anzucht im Zimmer zu erhalten, wird eine transparente Plastiktüte ganz einfach über einen Topf oder eine Schale mit Stecklingen gestülpt. Alternativ kann man aus einer Plastikflasche den Boden herausschneiden; der Verschluss wird drauf gelassen. Die Plastikflasche wird über einen einzelnen Topf oder, im Freien, über ein Fleckchen Erde gestülpt.

3 WEITERES ZUBEHÖR

Neben den Werkzeugen und der Ausrüstung, die man für die einzelnen Techniken der Pflanzenvermehrung braucht, werden außerdem Substrat und Wasser benötigt. Nützlich sind auch Bewurzelungsmittel, die der schnelleren und besseren Bewurzelung von Stecklingen dienen.

Links: Gewächshäuser und andere Schutzkonstruktionen eignen sich bestens, um die Pflanzsaison auszudehnen.

Rechts: Wenn Pflanzen wachsen und sich die Wurzeln ausdehnen, wird man sie in größere Töpfe verpflanzen müssen.

Unten rechts: Bewurzelungsmittel helfen, den Vorgang der Bewurzelung zu beschleunigen.

Jeder Besuch in einem großen Gartencenter zeigt, wie viel verschiedene Markensubstrate es gibt. Es empfiehlt sich, für das jeweilige Vorhaben das passende Substrat zu nutzen. Zur Anzucht von Sämlingen und Stecklingen kann man auch sein eigenes Substrat mischen. Falls eine große Anzahl Pflanzen gezüchtet werden soll, so ist dies wohl die wirtschaftlichste Lösung. Um Schädlinge zu beseitigen, muss man die Gartenerde zuvor jedoch sterilisieren. Dies kann ein Problem darstellen, denn die Erde muss 30 Minuten lang auf eine Temperatur von 82 °C erhitzt werden.

Zunächst einmal muss man sich jedoch für eine geeignete Substratmischung entscheiden. Viele Gärtner ziehen es vor, den Gebrauch von Torf zu vermeiden, weil dessen Gewinnung die Umwelt schädigt. Substrate, die Torfersatzprodukte wie Kokosfasern, Rinde, Stroh und manchmal städtische Gartenabfälle enthalten, sind fast überall erhältlich. Man findet auch organische Mischungen. Die Zusammensetzung der Markensubstrate variiert und es lohnt sich, verschiedene Mischungen erst einmal auszuprobieren, bis man diejenige gefunden hat, die für die eigenen Arbeitsmethoden und die Pflanzenarten, die man vermehren möchte, die passende ist.

Es kann nicht oft genug betont werden, wie wichtig die Hygiene besonders bei Aussaaten ist. Sämlinge haben keine Widerstandskraft gegen Pilzerkrankungen und gehen daher rasch ein. Sporen können in Pflanzgefäßen, die schon einmal benutzt oder im Schuppen gelagert wurden, überwintern. Daher ist es wichtig, dass man die benutzten Pflanzgefäße nach dem Gebrauch gründlich in einer Lösung mit einem geeigneten Desinfektionsmittel auswäscht.

Links: Damit Jungpflanzen kräftig wachsen, ist es wichtig, beim Umtopfen qualitativ hochwertiges Substrat zu benutzen.

Rechts: Manche Pflanzen wie dieser *Ceanothus impressus* wachsen nicht in regulärer Erde, weil sie eine gute Dränage brauchen.

PFLANZSUBSTRAT

Substrat ist mehr als nur das braune Material, in dem Pflanzen wachsen. Es enthält auch weit mehr Nährstoffe als einfache Erde. In einem Gartencenter oder einem großen Heimwerkermarkt findet man zahlreiche Markenmischungen, die auf verschiedene Zwecke zugeschnitten sind. Es gibt zwei Haupttypen von Substraten: solche auf Lehmbasis und lehmfreie. Bei Substraten auf Lehmbasis bildet Erde den Hauptbestandteil, was diese schwerer macht und dazu beiträgt, dass sie Feuchtigkeit und Nährstoffe besser halten als lehmfreie Substrate. Denn diese sind auf Torf oder Torfersatz wie etwa Kokosfasern aufgebaut. Lehmfreie Substrate oder solche ohne Erdanteile sind leichter und einfacher in der Anwendung. Der Nachteil ist, dass sie sehr schnell austrocknen und dadurch Pflanzennährstoffe verlieren. Wenn lehmfreies Substrat einmal ausgetrocknet, ist es schwierig, es ohne Netzmittel oder Sprayer wieder anzufeuchten.

Aussaaterde

Die Grundbestandteile von Aussaaterde sind Torf und Sand oder Lehm, Torf und Sand – das ist im Prinzip alles, was der Samen für seine Keimung benötigt. Weil aber die meisten Sämlinge nach ihrer Keimung mindestens noch zehn Tage in dem Substrat verbleiben, brauchen sie für ihr weiteres Wachstum einige Nährstoffe. Daher werden bei der Herstellung dem Substrat kleine Mengen Bodenkalk und Düngephosphat beigemischt. Letzteres ist ein besonders wichtiger Zusatzstoff, weil er die rasche Entwicklung neuer Wurzeln fördert.

Stecklingserde

Stecklingserde kann ausreichend Wasser speichern, um die Stecklinge feucht zu halten. Außerdem ist diese Substratmischung sehr locker, sodass sie viel Luft enthält. Beides ist für die Bildung eines gesunden Wurzelsystems außerordentlich wichtig.

Stecklingserde besteht zum größten Teil aus Weißtorf, der die Feuchtigkeit gut hält, und aus sogenanntem scharfen Sand – einer feinen Körnung kalkfreien Sandes. Obwohl das Verhältnis von Torf und Sand je nach Hersteller variieren kann, gleichen sich in handelsüblichen Substraten die Mischungsverhältnisse mehr oder weniger.

Wer jedoch sein eigenes Substrat mischen möchte, sollte sich beim Mischungsverhältnis von Torf und Sand nach der Jahreszeit richten. Im Frühjahr und Sommer zum Beispiel, wenn die Temperaturen hoch sind und die Erde schnell austrocknet, kann Torf und Sand im Verhältnis von 3:1 gemischt werden. Im Herbst

und Winter, wenn eine Dränage wichtig ist, um ein Verfaulen der Stecklinge zu verhindern, mischt man Torf und Sand zu gleichen Teilen.

Besondere Ansprüche

Pflanzen haben unterschiedliche Ansprüche. Diese können sehr speziell sein und sollten unbedingt beachtet werden, damit eine Keimung oder Wurzelbildung erfolgen kann. Die große Gruppe der Kalk fliehenden Pflanzen – zum Beispiel Rhododendren, Azaleen und Kamelien – braucht ein völlig kalkfreies (Rhododendron-) Substrat, andernfalls sterben die Stecklinge ab.

Viele alpine Pflanzen werden in einer Mischung aus gleichen Teilen Lehm und scharfem Sand ausgesät. Da diese Pflanzen keine »nassen Füße« mögen, stellt das Mischverhältnis sicher, dass das Substrat nicht zu viel Wasser aufnimmt. Andere Pflanzen, die ebenfalls einen lockeren, gut durchlässigen Boden mögen, weil sie zu viel Feuchtigkeit nicht vertragen, sind Säckelblume (*Ceanothus* ssp.) und Flanellstrauch (*Fremontodendron* ssp.). Für eine erfolgreiche Bewurzelung brauchen sie Substrat, das 75% scharfen Sand enthält.

Andere Zusatzstoffe

Als Ersatz für scharfen Sand können dem Substrat andere Stoffe zur Verbesserung der Luftzirkulation und Dränage beigemischt werden. Dazu gehören Splitt, Perlit (ein weißes, splittartiges Material) und Vermiculit (eine silbergraue Glimmerart, die große Mengen Luft oder Wasser speichern kann). Perlit und Vermiculit sind extrem leicht, was sie zu nützlichen Substratzusätzen macht, sobald mehrere Schalen voller Aussaaten oder Stecklinge auf Gewächshausstellagen stehen müssen.

Dünger

Abhängig von ihrem Verwendungszweck und den Ansprüchen der Pflanzen werden dem jeweiligen Substrat unterschiedliche Düngermengen beigefügt. Topferden für ausgewachsene Pflanzen enthalten zum Beispiel ein breites Düngerspektrum, um die Pflanzen ausgewogen zu ernähren. Für Sämlinge, Stecklinge oder Jungpflanzen sind diese Düngermengen aber viel zu hoch dosiert. Auch sogenannte Allzweckerden, die für Pflanzen aller Wachstumsstadien verkauft werden, können für manche Jungpflanzen zu viel Düngemittel enthalten.

Markenerden speziell für Aussaaten und Stecklinge enthalten eine niedrigere Dosierung derjenigen Nährstoffe, die für das Pflanzenwachstum notwendig sind. Das macht diese Substratmischung so ideal für die Pflanzenvermehrung. Sobald die Jungpflanzen gut angewachsen sind, können sie in Substrate mit höheren Düngermengen umgepflanzt werden.

Substrate lagern

Das Ärgerliche an selbstgemischten Substraten ist, dass man sie selten auf einmal aufbraucht. Um sie bis zum nächsten Gebrauch gut aufzubewahren, eignen sich am besten feste Plastiksäcke wie die, in denen Markensubstrate angeboten werden. Nachdem man das Substrat hinein gefüllt hat, wird der Sack oben zusammen gefaltet und das Ende eingerollt. Dann wird der Sack beschwert indem man einen Stein o. Ä. drauf legt, sodass er sich nicht wieder entrollen kann. Man lagert ihn an einem trockenen, frostfreien Ort. Auf keinen Fall sollte das Substrat offen herumstehen, denn dann könnte es mit Pilzsporen oder Bakterien infiziert werden. Diese würden in einer warmen Umgebung sofort anfangen zu keimen.

BEWURZELUNGS-HORMONE

Pflanzen können auf ihre Umgebung auf unterschiedliche Art und Weise reagieren. Sie sind empfänglich für äußere Einflüsse wie Licht, Temperatur und Luftzirkulation. Die Reaktionen der Pflanze auf diese Reize sind das Ergebnis von Stoffwechselvorgängen in den Pflanzenzellen. Dabei setzen unterschiedliche Reize verschiedene Substanzen frei, welche wiederum die Reaktionen in der übrigen Pflanze steuern.

Die Substanzen, die die Bewurzelung der Pflanze fördern, sind als Pflanzenhormone bekannt. Man kann sie konzentriert an verschiedenen Punkten der Pflanzenoberfläche nachweisen. Am höchsten ist die Konzentration an der knospigen Triebspitze der Pflanze. Aber auch an den Blattknoten (Nodien) und am Stiel sind diese Hormone zu finden. In jungen Trieben ist die Konzentration höher als in älteren, weshalb man für die Pflanzenvermehrung die jungen bevorzugt.

Der Bewurzelungsvorgang

Nimmt man einen Steckling von der Mutterpflanze ab, so beginnt bei diesem sogleich der natürliche Heilungsprozess: Wachstumshormone werden vom Steckling an die verletzte Stelle ausgesandt. Die Schnittstelle beginnt zu heilen, indem sich Wurzeln am Fuß des Stecklings bilden. Je mehr Hormone der Steckling also enthält, desto besser sind die Aussichten, dass er sich schnell und gut bewurzelt. Um hierfür optimale Voraussetzungen zu schaffen, schneidet man den Steckling möglichst immer direkt unterhalb einer Blattachsel und achtet darauf, die Triebspitze nicht zu beschädigen. Je mehr Bewurzelungshormone der Steckling hat, desto mehr Methoden können bei der Stecklingsnahme angewendet werden. Stecklinge einiger Pflanzenarten bewurzeln sich nur dann, wenn die Triebspitze intakt ist. Andere Stecklinge widerum brauchen für eine Bewurzelung nur ein oder zwei Blattachseln am Stängel. Das bedeutet, dass ein einzelner Trieb mehrere Stecklinge ergibt. Diese Stecklinge, die nur aus Triebspitze oder Stängel und Blattachsel bestehen, werden Kopf- oder Teilstecklinge genannt.

Links: Pulverförmige Bewurzelungshormone dienen der rascheren Wurzelbildung bei Stecklingen.

Rechts: Grünstecklinge von Pelargonien bewurzeln sich auch ohne künstliche Bewurzelungshormone sehr rasch.

Die Bewurzelungshormone, die sich an der Schnittoberfläche des Stecklings ansammeln, regen die Bildung von Wurzelzellen an. Diese vervielfältigen sich und erzeugen eine klumpige, weiße Wucherung, die man Kallusgewebe nennt. Das Kallusgewebe entwickelt sich weiter und nach gewisser Zeit werden für das bloße Auge einzelne Wurzeln sichtbar. Sobald sie sich gebildet haben, beginnen die Wurzeln damit, die Jungpflanze mit Feuchtigkeit und Nährstoffen zu versorgen. Die Wurzeln ernähren die Jungpflanze und leiten dadurch den nächsten Schritt in diesem Prozess ein, der darin besteht, dass sich die Pflanze weiter belaubt und Triebe wachsen lässt. Je schneller sich ein Steckling bewurzeln und ernähren kann, desto besser wird die Jungpflanze wachsen. Ein Steckling, der sich nur zögerlich bewurzelt, wird durch fehlende Nährstoffe und Feuchtigkeit geschwächt.

Viele Pflanzen besitzen ausreichend Hormone, um sich erfolgreich aus Stecklingen zu bewurzeln. Einige Pflanzen jedoch haben nicht dieses Glück. Diese profitieren von dem Gebrauch von künstlichem Bewurzelungspulver oder -flüssigkeit.

So hilfreich künstliche Bewurzelungshormone auch sein mögen, sollten sie dennoch bei einigen Pflanzen wie etwa Pelargonien nicht benutzt werden. Bei einem Pelargoniensteckling zusätzliche künstliche Hormone zu benutzen, ist sogar kontraproduktiv und wird das Ausbilden von Wurzeln verhindern, weil der Steckling bereits eine hohe Konzentration eigener Bewurzelungshormone enthält.

Bewurzelungsmittel anwenden

Bewurzelungsmittel richtig zu dosieren ist reine Übungssache. Man sollte sie nur auf die Schnittoberfläche des Stecklings aufbringen. Beim Benutzen einer Flüssigkeit taucht man das Ende des Stecklings hinein und lässt die überschüssige Flüssigkeit abtropfen. Wird Pulver bevorzugt, dann füllt man etwas davon in ein flaches Schüsselchen. Auch hier wird nur das Ende des Stecklings in das Pulver getaucht und der Überschuss abgeklopft.

Bei der Stecklingsnahme ist es außerordentlich wichtig, hohe Hygienestandards einzuhalten. Es empfiehlt sich, nur eine kleine Menge Flüssigkeit oder Pulver für den sofortigen Gebrauch in ein Gefäß zu füllen und den nicht verbrauchten Rest zu entsorgen. Das ist weniger verschwenderisch als es zunächst klingen mag, wenn es dabei hilft, einen ganzen Schwung Stecklinge vor einer Pilzinfektion zu bewahren.

Das Entstehen von Wurzeln

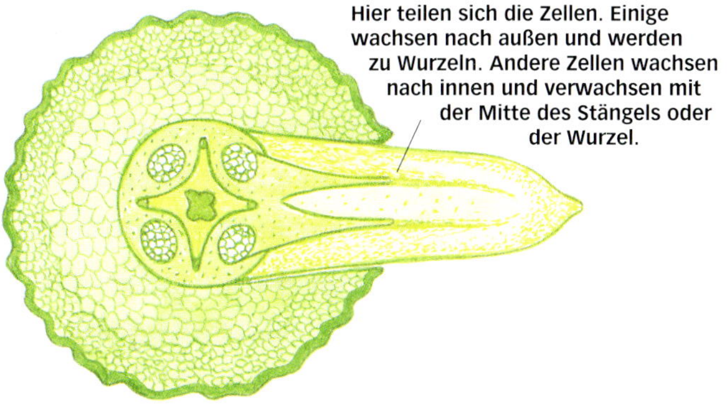

Man benutzt Hormonmischungen, um die Wurzelbildung im Innern der Pflanze anzuregen.

Links: Eine Gießkanne eignet sich hervorragend zum Gießen von Blumentöpfen. Für kleine Pflanzen sollte man eine Brause auf die Tülle stecken.

Rechts: Pflanzen wie das Usambaraveilchen *(Saintpaulia)* haben haarige Blätter, die von Wassertropfen zerstört werden können. Man sollte diese Pflanze deshalb von unten wässern.

GIESSEN

Wenn eine Pflanze in ihrer natürlichen Umgebung wächst, kann sie das benötigte Wasser aus dem Boden aufnehmen. Wird das Wasser unmittelbar um die Pflanze herum knapp, kann sie neue, längere Wurzeln wachsen lassen, mit deren Hilfe sie wiederum Wasser aufnehmen kann. Eine im Topf wachsende Pflanze ist darauf angewiesen, dass der Gärtner ihr die benötigte Menge an Wasser zur Verfügung stellt. Weil jede Pflanze andere Ansprüche hat, ist dies keine leichte Aufgabe und sogar erfahrene Gärtner müssen zugeben, dass sie manchmal noch Fehler machen. Auch wenn dies bei ausgewachsenen Pflanzen nicht weiter schlimm ist, kann bei Sämlingen und Jungpflanzen die Wassermenge entscheidend für den Erfolg der Pflanzenvermehrung sein.

Ausgewogenes Gießen

Jede Pflanze braucht Wasser zum Überleben, da die Pflanzenzellen damit gefüllt sind. Mithilfe von Wasser wird Zucker und Stärke durch das pflanzliche System transportiert.

Ein Samenkorn muss Wasser aufnehmen, damit es keimen kann. Daraufhin fangen die Zellen an, sich zu teilen und zu wachsen. Die junge Pflanze beginnt,

sich auszudehnen. Wenn die Wasserversorgung verringert wird, verlangsamt sich dieser Wachstumsvorgang. Trocknet sie aus, hört das Wachstum ganz auf. Dies bedeutet nicht, dass die Pflanze sofort eingeht. Es gibt eine kurze Phase, in der sich das Samenkorn nach erneuter Wasserzufuhr wieder erholen kann. Die Pflanze wächst dann wieder, jedoch nicht mehr so stark wie vorher.

Junge Sämlinge sind hinsichtlich der zugeführten Wassermenge sehr empfindlich. Weil sie schnell wachsen, müssen sie regelmäßig mit Wasser versorgt werden. Bei zu wenig Wasser welken sie innerhalb weniger Stunden. Nach etwa einem Tag kann ein ganzer Schwung verloren sein. Wenn das Gewebe am Fuß des Stecklings austrocknet, verliert man den Steckling, da die Wasserversorgung von den Wurzeln zu den Blättern nicht aufrechterhalten werden kann.

Zu viel Wasser ist jedoch genauso schlecht wie zu wenig, weil Wasser die Luftmenge um den Sämling oder Steckling reduziert. Zu viel Wasser führt dazu, dass die Jungpflanze eine zu geringe Luftzufuhr hat. Ein Überschuss an Feuchtigkeit lässt das Pflanzengewebe faulen und verrotten. Unglücklicherweise ist die instinktive Reaktion auf die Feststellung, dass eine Pflanze zu trocken ist, ausgiebiges Gießen. Was sie jedoch wirklich braucht, ist ein langsames Ansteigen der Wasserversorgung.

Wasser für die Wurzeln

Die Wurzelzellen der Pflanze teilen sich auf der Suche nach mehr Wasser und Nährstoffen ständig. Das Wasser und die Nährstoffe werden von den Wurzelzellen aufgenommen und zu den Zellen in Stängel, Trieben und Blättern transportiert, sodass diese mit den Nährstoffen versogt sind und sich ebenfalls teilen können. Bei Wassermangel schrumpfen die Wurzeln nach und nach und verlieren den Kontakt zum umgebenden Erdreich. Wenn das Substrat wieder angefeuchtet wird, können die Wurzeln das Wasser nicht mehr aufnehmen.

Wasser für Blätter

Die Blätter von Pflanzen sind grün, weil sie Chlorophyll enthalten – eine Substanz, die Sonnenlicht in Zucker und Stärke umwandelt, welche die Pflanze zum Wachsen braucht. Damit dies geschieht, müssen die Zellen gut arbeiten. Das können sie jedoch nur, solange die Pflanze mit ausreichend Wasser versorgt wird. Gut mit Wasser gefüllte Zellen geben der Pflanze Stabilität und halten den Stängel aufrecht. Wassermangel führt dazu, dass die Zellen schrumpfen – ein Vorgang, den der Gärtner als Welken bezeichnet. Bis zu einem gewissen Punkt kann der Welkprozess durch erneute Wasserzufuhr gestoppt werden. Jenseits des ›absoluten Welkepunktes‹ erholt sich die Pflanze jedoch nicht mehr.

Rechts: Um Bakterienerkrankungen und Pilzinfektionen zu vermeiden, ist entscheidend, dass man sein Gewächshaus peinlich sauber hält.

HYGIENE

Hygiene ist in den frühen Lebensstadien einer Pflanze wichtiger als zu jeder anderen Zeit, weil ein Sämling nicht ausreichend Widerstandskraft hat, um einen Schädlings- oder Krankheitsbefall abzuwehren. Man kann unmöglich in seiner Umgebung alle Krankheits- und Pilzsporen aufspüren. Kleine Schadinsekten kommen durch jedes offene Fenster und durch jede Tür. Es ist auch schwierig, die Jungpflanzen vor allen möglichen Widrigkeiten zu schützen. Werden zunächst einige grundlegende Vorkehrungen getroffen, kann man die Risiken von Erkrankungen zumindest im Frühstadium des Pflanzenwachstums auf ein Minimum reduzieren.

Umfeld

Das gesamte Umfeld der Pflanzenzüchtung bietet einen idealen Nährboden für Krankheiten und Pilzinfektionen, da die Sporen und Krankheitserreger unter den warmen und feuchten Bedingungen bestens gedeihen. Daher ist es wichtig, alle benötigten Werkzeuge, das Zubehör sowie das Umfeld sauber zu halten.

Beim Heranziehen der Pflanzen in einem Gewächshaus sollte jeden Winter der gesamte Innenraum gründlich mit einem Gartendesinfektionsmittel ausgewaschen werden. Damit entledigt man sich der Insekteneier oder Pilzsporen, die sich zwischen den Stellagen angesammelt haben könnten. Der Raum kann außerdem mit Aerosole besprüht oder mit Pestiziden und Fungiziden ausgeräuchert werden. Nutzt man für die Pflanzenvermehrung ein Fensterbrett im Haus, dann sollte man sich vergewissern, dass sich kein Schimmel in den Ecken des Fensterbretts befindet.

Werkzeug und Zubehör

Das wichtigste Werkzeug eines jeden Gärtners sind seine Hände. Diese können, wie alle anderen Werkzeuge, Infektionen übertragen. Kommt man unmittelbar vor dem Schneiden von Stecklingen mit Pilzsporen in Berührung, können diese auf die Stecklinge übertragen werden. Befallenes Pflanzenmaterial sollte weder in der Nähe der Stecklinge noch des Pflanzenumfelds aufbewahrt werden. Auch von anderem Pflanzenmaterial sollten die Stecklinge getrennt gehalten werden.

Reinigen Sie nach der Stecklingsnahme Messer oder Scheren, um Pflanzsäfte zu beseitigen. Aber auch das restliche Zubehör einschließlich Andrückbrettern und Pflanzhölzern sollte nach Gebrauch gründlich von Erde befreit werden.

Töpfe und Schalen

Nach dem Gebrauch tränkt man leere Töpfe und Schalen in einer Reinigungslösung und schrubbt sie gründlich mit einer harten Bürste ab, um alle Reste von Substrat, Erde oder alten Wurzeln zu entfernen.

Danach lässt man die Gefäße abtropfen und gut trocknen. Erst dann werden sie in einem sauberen, trockenen Schuppen oder der Garage verstaut. Wenn sie während des Lagerns verstauben, reicht es aus, sie mit klarem Wasser abzuspülen oder in eine Desinfektionslösung zu legen. Pilzsporen können sich in jeder Ritze verstecken, weshalb man besser keine Töpfe oder Schalen benutzt, die einen Knacks oder Riss haben.

Arbeitsplatte

Pilzsporen und Bakterien sind winzig und können sich in Ritzen oder Spalten rund um den Arbeitsbereich verstecken. Daher ist es besser, eine völlig glatte Arbeitsplatte zu benutzen, die man vorher mit einem Desinfektionsmittel abwischen kann und nach Beendigung der Arbeiten sauber schrubbt. Wenn die Arbeitsplatte aus Holz ist, schrubbt man sie mit einer harten Bürste entlang der Faserrichtung und arbeitet das Desinfektionsmittel in jede Ritze ein.

4 SAMEN

Samen können so winzig wie mikroskopisch kleine, staubähnliche Partikel sein oder so groß wie Kokosnüsse. Allen Samen gemein ist aber, dass sie der Bausatz für eine komplette Pflanze sind. Egal wie klein der Samen ist, er enthält alles, was für die Erzeugung einer vollkommenen Pflanze mit Wurzeln, Trieben, Blättern und Blüten notwendig ist.

Links: Mohn verbreitet seine Samen sehr effektiv. Über einen Zeitraum von mehreren Jahren kann aus einer Pflanze leicht ein ganzes Blumenfeld werden. Die Samenkapseln der Pflanze sind sehr auffällig.

Unten rechts: Viele Baum- und Straucharten wie *Berberis thunbergii* sind samenecht und können schon bald eine große Anzahl von Jungpflanzen erzeugen.

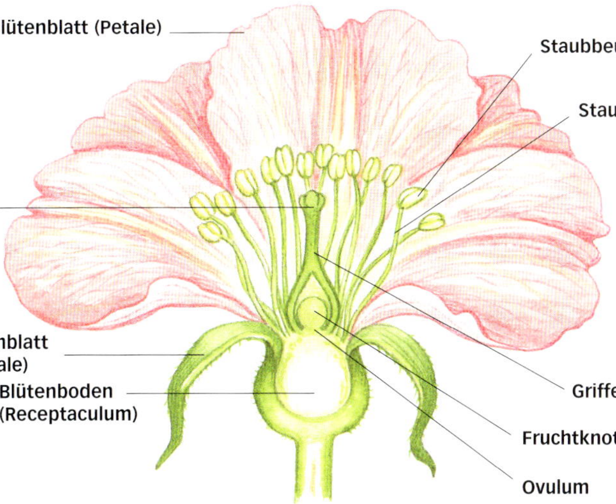

Die einzelnen Teile einer Blüte

Samen wird dann gebildet, wenn eine Pollenzelle eine Eizelle befruchtet, und nur zu diesem Zweck blühen Pflanzen. Wenn man verwelkte Blüten von der Pflanze entfernt und somit einen Samenansatz verhindert, wird die Pflanze neue Blüten erzeugen. Diesen Vorgang, der Ausputzen genannt wird, nutzen Gärtner, um die Blütezeit der Pflanzen zu verlängern. Sobald eine Pflanze ihr Ziel erreicht und Samen ausgebracht hat, hört sie meist auf zu blühen. Nun reift der Pflanzensamen heran. Manche Pflanzen wie einige Bromelien und Dachwurzarten sterben ab, nachdem sie geblüht und Samen gebildet haben.

Sobald die Samen reif sind, fallen sie aus der Mutterpflanze heraus und werden vom Wind fortgetragen. Finden sie einen für sie günstigen Platz, keimen sie dort. Die meisten Samen sind von einem Nährgewebe umgeben, das für die erste Ernährung des Keimlings benötigt wird. Manche Samen sind auch in eine fleischige Außenhülle eingebettet, die sich erst zersetzen muss, bevor die Samen keimen und Wurzeln bilden können.

Der pflanzliche Samen wird auf vielfältige Weise verbreitet. Einige Samenkörner wie etwa die von Waldreben und Disteln haben leichte, fedrige Büschel, die wie Federn in der Luft schweben. Andere Samen wie die der Birke *(Betula)* sind so winzig, dass sie vom leisesten Windhauch weggeblasen werden. Andere widerum wie Labkraut *(Galium aparine)* haben klebrige Samen. Bei den Samen, die in eine fleischige Außenhülle eingebettet sind, befreien Vögel oftmals den Samen von seiner Ummantelung, sodass dieser keimen kann. Hülsenfrüchte haben Schoten, in denen sich die Samen befinden. Sobald die Schoten austrocknen, springen sie auf und setzen die Samen frei. Es gibt Samenarten, die sofort keimen. Berg-Ahorn *(Acer pseudoplatanus)* zum Beispiel besitzt in jeder Samenkapsel eine komplette, eingerollte Embryopflanze. Andere Samen hingegen überdauern, besonders bei schlechten Startbedingungen, einige Jahre und keimen erst dann.

Wir können jedes Jahr Samen in der Tüte kaufen. Diese Samen werden unter Ausschluss von Sauerstoff und Licht in Päckchen versiegelt. Da Samen lebende Organismen sind, verderben sie nach einiger Zeit, sofern sie nicht vorher ausgesät wurden. Auf alle Fälle sinkt im Laufe der Zeit der Prozentsatz derjenigen Samen, die bei Ausbringung keimen würden. Auch eine Aufbewahrung des Samentütchens unter idealen Bedingungen ändert nichts an dieser Tatsache. Daher lohnt es sich kaum, Samen über längere Zeit aufzuheben.

Links: Rhododendren erzeugen sehr kleine Samen und es ist daher schwierig, sie dünn auszusäen.

KEIMUNG UND KEIMFÄHIGKEIT

Sobald der Samen die passenden Bedingungen vorfindet, hierzu gehören ausreichend Luft, Licht, Wasser und die richtige Temperatur, setzt der Wachstumsvorgang ein: Der Samen nimmt Feuchtigkeit aus dem Substrat auf, die Zellen beginnen, sich zu teilen. Es bildet sich die erste Wurzel, die wiederum die Jungpflanze mit mehr Feuchtigkeit versorgt. Pflanzen unterliegen der Schwerkraft, daher wachsen Wurzeln immer nach unten und Triebe immer nach oben.

Wenn die Pflanzenwurzel weiter wächst, bilden sich an ihr weitere kleine, feine Wurzeln, die ebenfalls Nährstoffe und Wasser aus dem Substrat aufnehmen. Da die Nährstoffreserven aus dem Nährgewebe rasch aufgebraucht sind, ist die Nährstoffversorgung durch die Wurzeln für das Wachstum der Pflanzentriebe notwendig. Bald braucht die Pflanze weitere Nahrungsvorräte, die nur von Blättern aufgenommen oder gebildet werden können. Deshalb ist es wichtig, dass sich möglichst rasch das erste Paar Blätter an der Jungpflanze entwickelt. Wenn der Samen zu tief gesät wurde, könnte der Sämling nicht ausreichend Reserven haben, um bis an die Oberfläche zu wachsen. Er verwelkt dann und stirbt ab. Die ersten Blätter, auch Keimblätter genannt, sind recht einfach geformt; meist sind sie rund. Sie dienen allein dazu, den Rest der Pflanze mit Nährstoffen zu versorgen und deren Wachstum zu fördern. Danach bildet die Pflanze das erste Paar richtiger Blätter – jene, die sie von jetzt ab immer bilden wird. Ab diesem Moment ist genügend Lichtzufuhr für die Jungpflanze lebensnotwendig – selbst wenn der Samen im Dunkeln keimen musste.

Keimung

Passen die Standortbedingungen, so können die Samen keimen, egal wo sie sich befinden – auch wenn es eine Fensterbank ist. Um den Jungpflanzen einen guten Start zu geben, kann man sie im Zimmer keimen lassen, um sie später in ein unbeheiztes Gewächshaus umzuquartieren. Die Samen werden gemäß den Angaben auf der Verpackung ausgesät und je nach Bedarf hell oder dunkel gehalten. Die empfindlichen jungen Sämlinge brauchen jedoch Schutz vor zu starker Hitze, besonders dann, wenn die Mittagssonne voll ins Fenster scheint. Eine über das Pflanzgefäß gebreitete Zeitung schafft hier Abhilfe. Sie kann wieder entfernt werden, sobald die Sonne weiter gewandert ist. Sind die Sämlinge erst einmal gewachsen und nicht mehr so empfindlich, können sie in ein Frühbeet oder ein Gewächshaus umgesiedelt werden. Dies sollte in einem sanften Übergang geschehen, damit sich die Jungpflanzen an die kühleren Bedingungen langsam gewöhnen können. Wenn man sie zu großen Temperaturschwankungen aussetzt, verlangsamt oder stoppt dieser Schock das Wachstum vorübergehend. Die Pflanze kann sogar eingehen, wenn sie zu abrupt Verhältnissen ausgesetzt wird, die sich von ihren bisherigen Bedingungen unterscheiden.

Bäume und Sträucher

Man kann im Garten ein Fleckchen abtrennen, um dort die Samen winterharter Bäume oder Sträucher, die im Freien keimen müssen, auszusäen. Diese Samen brauchen normale Witterungsbedingungen, häufig auch einen kalten Winter, bevor sie keimen und wachsen. Manche von ihnen brauchen mehr als ein Jahr zur Keimung. Durch eine Abtrennung des Bereiches kann man dafür sorgen, dass die Samen nicht während der regelmäßigen Pflegearbeiten umgegraben werden. Es ist schwierig, eine verbindliche Empfehlung für den Umgang mit Samen von Bäumen und Sträuchern zu geben, weil sich sogar die Größe der Samen stark voneinander unterscheidet. So sind die Samen der Gemeinen Walnuss *(Juglans regia)* ziemlich schwer – nur 88 Stück wiegen fast ein Kilogramm – während diejenigen der Sandbirke *(Betula pendula)* sehr leicht sind. Ein Kilogramm kann 5,2 Millionen Stück enthalten.

Ruhezeit

Samen unterliegen einem Mechanismus, den man Ruhezeit nennt. Bei ungünstigen Standortbedingungen hemmt er die Keimung des Samens. Die Ruhezeit des Samens kann beendet werden, indem man günstige Bedingungen schafft und ihn mit ausreichend Wasser und Licht beziehungsweise Dunkelheit versorgt. Manche Samen brauchen aber auch Kälte oder zusätzliche Wärme, um keimen zu können. In ihrer Heimat Australien keimen beispielsweise die Samen des Eukalyptus erst nach einem Buschfeuer. Die Samen mancher Pflanzen, darunter Rosen und Seidelbast, fallen nur ins Ruhestadium, wenn sie voll ausreifen. Dies kann verhindert werden, indem man die Samen erntet, bevor sie ausgereift sind und diese sofort aussät.

Oben: Einige Gemüsepflanzen können innerhalb einer Saison aus Samen bis zur Reife gezogen werden.

Keimung

Samen brauchen Folgendes, um zu keimen:

- ***Wasser:*** *Samen brauchen Wasser, um aufzuquellen und mit dem Wachstum zu beginnen.*
- ***Wärme:*** *Sogar die robustesten Pflanzen brauchen zur Keimung eine Bodentemperatur von mindestens 7 °C. Andere brauchen Temperaturen von bis zu 21 °C.*
- ***Licht:*** *Manche Samen, so etwa Salat und Sellerie, keimen nur, wenn man sie dem Tageslicht aussetzt.*
- ***Dunkelheit:*** *Manche Samen etwa Lauch (*Allium *ssp.) und Phlox keimen nur unter Ausschluss von Licht.*
- ***Luft:*** *Für den Beginn und Fortgang der Keimung muss etwas Sauerstoff vorhanden sein.*

SAMEN SAMMELN

Nach dem ersten Jahr, in dem man seine eigenen Pflanzen gesetzt hat und das Wetter warm genug war, damit die Pflanzen Samen ansetzen konnten, gibt es keinen Grund mehr, Samen zu kaufen – außer, man möchte eine weitere Pflanzenart ziehen. Die Samenproduktion hängt weitgehend vom Wetter ab. In einer kalten, nassen Saison entstehen kaum Blüten und auch die Insekten für die Bestäubung fehlen. Solche Umstände sind jedoch die Ausnahme. Meistens kann für die nächste Saison genügend Samen gesammelt werden. Normalerweise hat man sogar einige Samen übrig, die mit anderen getauscht werden können.

Das Sammeln

Das Sammeln und Aufbewahren von Samen ist nicht schwer, obwohl die Wahl des Zeitpunktes heikel sein kann: Ein heißer Sommer- oder Herbsttag kann dazu führen, dass sich die Samen von einigen Pflanzen wie etwa die der Duftwicke *(Lathyrus odoratus)* explosionsartig verbreiten können. Ein warmer, trockener Tag mit wenig Wind bietet die idealen Voraussetzungen für das Sammeln von Samen. Nasse Samen könnten im Lager verrotten und Pilzbefall zum Opfer fallen. Wenn man allerdings nur unter schlechten Witterungsbedingungen Samen sammeln kann, dann sollten diese vor dem Wegpacken unbedingt auf Zeitungspapier ausgebreitet und gut getrocknet werden.

Man sollte mit dem Sammeln möglichst warten, bis die Samen reif sind. Es ist verlockend, sie bereits zu ernten, wenn sie sich noch in der Mutterpflanze befinden und heranreifen. Zumal man dann ganz sicher gehen kann, dass der Wind einem nicht zuvor kommt. Leider keimen aber unausgereifte Samen nicht.

Bei manchen Samen erkennt man einfacher als bei anderen, wann sie reif sind. Hülsenfrüchte zum Beispiel haben Schoten, die die kleinen, runden Samen enthalten. Sobald sie reif sind, verfärben sich die Schoten von Grün zu Gelb. Hagebutten und die Beeren der Stechpalmen nehmen eine leuchtend rote Farbe an. Mohn hat Samenkapseln wie Pfefferstreuer, jede mit einer Reihe kleiner Löcher um die Spit-

Wenn die Pflanzen Samen gebildet haben, pflückt man diese und steckt die Blüten in eine Papiertüte. Diese schüttelt man gelegentlich, bis alle Samen herausgefallen sind.

Links: Die Samenkapseln von *Nigella damascena* sollte man sammeln, bevor sie aufbrechen und ihre Samen verstreuen.

Rechts: Die Samen von *Senecio doria* werden schnell vom Wind fortgetragen. Daher sollten sie nicht zu lange an der Pflanze belassen werden.

ze. Durch diese fallen die Samen heraus, wenn der Wind sie hin- und herwiegt. Die Farbe der Mohnkapsel ändert sich gleichzeitig in ein blasses Braun.

Zu dem Zeitpunkt, an dem die Farbveränderung bemerkt wird, können die Samen allerdings schon herausgefallen sein.

Dies lässt sich umgehen, indem eine Papiertüte um die Samenkapseln gebunden wird, sobald sie anfangen, sich zu verfärben. Die natürlich gereiften Samen werden dann beim Herausfallen von der Tüte aufgefangen. Man sollte der Versuchung widerstehen, die Tüte zu öffnen, da sonst alle Samen herausfallen. Stattdessen werden die Stängel mitsamt der Tüte abgeschnitten und kopfüber aufgehängt, damit die restlichen Samen ausfallen können. Schließlich wird die Tüte geöffnet, die leere Samenkapsel herausgenommen und die Samen werden zur Lagerung in einen Behälter geschüttet.

Bei Samen, die einen Klumpen bilden, wie dies bei Ringelblumen der Fall ist, schneidet man die Pflanze als Ganzes ab und breitet sie in einer Schale auf Zeitungspapier aus. Die Samen trocknen dann, lösen sich vom Stängel und können so gesammelt und aufbewahrt werden. Samen mit einer fleischigen äußeren Umhüllung wie etwa Angehörige der Rosen-Familie brauchen eine sorgfältige Behandlung, damit ihre äußere Schicht nicht beschädigt wird. Beschädigungen des Samens können leicht zu Fäulnis führen.

Aufbewahrung

Achten Sie darauf, alle Pflanzenrückstände aus den Samen zu entfernen. Um später bei der Aussaat keine Überraschung zu erleben, werden verschiedene Pflanzenarten streng getrennt voneinander gehalten. Die gesäuberten, trockenen Samen werden bis zur Verwendung in gekennzeichneten Behältern an einem kühlen, dunklen, frostfreien Ort aufbewahrt. Kleinere Samen können in beschrifteten Kuverts in einem größeren, luftdichten Behälter aufbewahrt werden.

Der Aufbewahrungszeitraum der Samen hängt von der Pflanzenart und den jeweiligen Bedingungen ab. Dennoch ist ein gewisser Verlust unvermeidlich. Versuchen Sie, die Samen innerhalb von zwei bis drei Jahren aufzubrauchen.

Samen sammeln

Die Samen folgender Pflanzen lassen sich leicht sammeln und für die Aussaat im folgenden Jahr aufbewahren:

- Allium *ssp. (Zierlauch)*
- Antirrihnum majus *(Löwenmäulchen)*
- Clarkia amoena *(Sommerazalee, Godetie)*
- Consolida ajacis *(Gartenrittersporn)*
- Eschscholzia californica *(Kalifornischer Goldmohn)*
- Helianthus *ssp. (Sonnenblume)*
- Limnanthes douglasii *(Sumpfblume)*
- Nigella damascena *(Jungfer im Grünen)*
- Papaver *ssp. (Mohn)*
- Tropaeolum majus *(Kapuzinerkresse)*

F1 Hybriden

Als F1 Hybriden verkaufte Samen garantieren einheitliche Ergebnisse. Diese Samen sind das Ergebnis der Kreuzung von zwei echten Arten oder zwei stabilen Sorten einer Art. Die davon abstammenden Pflanzen sind kräftig und zeigen die gewünschten Eigenschaften der Eltern. F2 Hybriden sind die zweite Generation aus zwei F1 Hybriden. Diese Pflanzen sind nicht so kräftig wie F1 Hybriden und normalerweise variabler. Manche F1 Hybriden können keinen Samen erzeugen.

Links: Gemüsepflanzen wie diese werden in einzelnen Töpfchen gezogen. Das erleichtert das Verpflanzen.

AUSSAATEN UNTER GLAS

Bei dem ersten Aussaatversuch wählt man eine Pflanzenart, bei der keine besonderen Vermehrungstechniken anzuwenden sind und befolgt genau die Angaben auf der Verpackung. Man benutzt eine spezielle Aussaaterde, weil deren richtige Zusammensetzung der Jungpflanze Standfestigkeit, gute Wasserzufuhr und Luft bietet.

Vorbereiten einer Saatschale

Eine neue oder gründlich gereinigte Saatschale wird auf eine ebene Fläche gestellt und mit Substrat aufgefüllt. Um Lufteinschlüsse zu beseitigen, fasst man die Schale an beiden Seiten, hebt sie an und klopft sie auf den Untergrund. Um für die Aussaat eine ebene Fläche zu erreichen, wird mit einem flachen Brettchen das überschüssige Substrat von der Oberfläche der Saatschale abgestrichen. Wer ein flaches Andrückbrettchen hat, das in die Saatschale passt, drückt das Substrat damit vorsichtig an, um es zu verfestigen. Dies ist aber nicht unbedingt notwendig. Zu festes Andrücken kann sogar bewirken, dass dadurch alle Luft aus dem Substrat gepresst wird und die jungen Wurzeln der Keimlinge es schwerer haben, die Erde zu durchdringen.

Die Wahl des Gefäßes richtet sich danach, wie viel Samen man aussäen möchte. Es kann eine Saatschale sein oder aber nur ein kleiner Topf. Ganz gleich, wie man sich entscheidet, der Pflanzenname sollte unbedingt auf ein Etikett geschrieben und am Gefäß befestigt werden. Alle Sämlinge sehen sich sehr ähnlich und es ist schwierig, sie auseinander zu halten.

Die Aussaat feiner Samen

Manche Samen sind so fein, dass sie in der Hand wie Staub aussehen – und je feiner die Samen, desto schwieriger ist eine exakte Aussaat. Um die Aussaat zu erleichtern, mischt man die Samen mit einer kleinen Menge Gärtnersand. Das Samen-Sand-Gemisch kann entweder zwischen Daumen und Zeigefinger oder aus dem Knick eines Papierblattes heraus gesät werden. Es ermög-

Aussaaten im Haus

Auch wenn man Besitzer eines Gewächshauses ist, kann es manchmal nötig sein, Aussaaten im Haus zu machen: Die Temperaturen sind noch zu niedrig, die Samen sind zu empfindlich oder es ist einfach nicht genügend Platz anderswo. In den meisten Häusern gibt es ein Fensterbrett, das breit genug für eine Saatschale ist. Man wählt eher eines, das helles Licht bekommt als eines, wo die Sonne direkt drauf scheint. Außerdem sollte der Untergrund vor Wasserschäden bewahrt werden. Wenn nur ein Fenster in voller Sonne zur Verfügung steht, dann können die Sämlinge täglich für einige Stunden während der heißesten Zeit des Tages mit Zeitungspapier abgedeckt werden.

Aussaat in einer Saatschale

***1** Eine Saatschale wird mit Substrat aufgefüllt, sodass es etwas über den Rand des Gefäßes steht. Die Schale wird auf die Unterlage geklopft, um Lufteinschlüsse zu vermeiden. Mit der Kante eines Andrückbrettchens wird überschüssiges Substrat abgestrichen. Dann drückt man das Substrat mit dem Brettchen leicht bis etwa 1 cm unterhalb des Gefäßrandes fest.*

***2** Die Samen werden über die Substratoberfläche gestreut. Feine Samen verstreut man aus dem Knick eines Blattes.*

***3** Schließlich wird nur so viel Substrat über die Oberfläche der Schale gestreut, dass die Samen gerade bedeckt sind.*

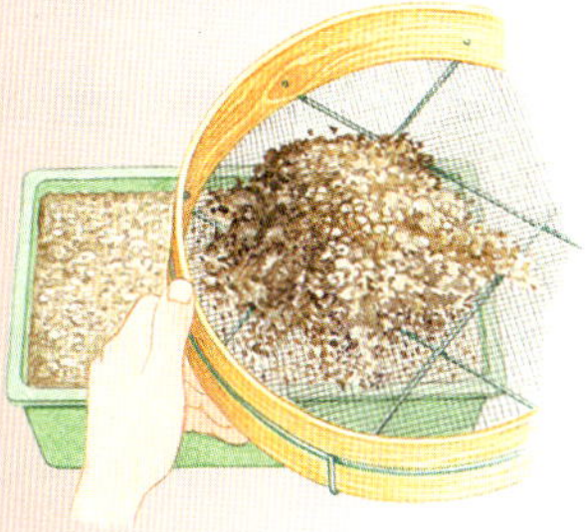

licht einem, zu sehen, wo der Samen liegt und diesen regelmäßig über die gesamte Schale zu verteilen.

Entscheidend ist die Tiefe, in der die Samen gesät werden. Jeder Samen enthält einen begrenzten Nahrungsvorrat, der ihm bei der Keimung zur Verfügung steht. Feine Samen sollten mit wenig oder gar keinem Substrat bedeckt werden. Am besten befolgt man die Anweisungen auf der Verpackung. Werden feine Samen zu tief gesät, gehen ihnen die Nahrungsvorräte aus, noch bevor ein Keimblatt zu sehen ist. Auch wenn es dann so aussieht, als hätte keine Keimung stattgefunden, kann es dennoch eine erfolgreiche Keimung gegeben haben, aber kein Sämling hat je das Tageslicht erblickt.

Je kleiner die Samen sind, desto weniger Abdeckung brauchen sie in der Regel. Manche kommen ganz ohne aus. Dennoch kann es sein, dass sie Dunkelheit zum Keimen brauchen. Das Ausbreiten einer Zeitung über den Topf oder die Schale kann für einen Lichtabschluss sorgen. Brauchen Samen nur eine leichte Bedeckung, dann siebt man vorsichtig etwas Substrat darüber, sodass die Deckschicht leicht, eben und ohne Klumpen ist.

Die Aussaat großer Samen

Der Umgang mit großen Samen ist leichter. Sie können ohne große Schwierigkeiten genau in die Saatschalen gelegt werden. Für die richtigen Abstände wird eine Reihe entlang der Breitseite der Saatschale und eine entlang der Schmalseite gelegt. Folgt man diesen Reihen beim Füllen der Saatschale, hält man den richtigen Abstand ein. Bedeckt wird der Samen mit einer Schicht Substrat. Die Oberfläche wird leicht mit der Handfläche oder einem Brettchen angedrückt.

Gießen

Ist der Samen so sorgfältig ausgesät, sollte er nicht durch zu kräftiges Gießen wieder ausgewaschen werden. Um dies zu vermeiden, wird die Schale im Freien auf den Boden gestellt und eine Brause auf die Gießkanne gesteckt. Man neigt die Kanne, fängt mit dem Gießen auf einer Seite der Schale an und beregnet dann diese bis zur anderen Seite. Auf diese Weise wird die Schale mit einem gleichmäßigen Wasserfluss bewässert und das Substrat mit dem Samen nicht ausgewaschen.

Bei einem flachen Gefäß, das etwas größer ist als die Saatschale, kann diese in das Gefäß hineingestellt werden. Dann wird langsam Wasser in das größere Gefäß gegossen. Die Saatschale wird darin stehen gelassen, damit das Substrat so viel Wasser aufsaugen kann wie nötig. Nach etwa 15 Minuten nimmt man die Saatschale wieder heraus und lässt sie abtropfen.

Die Aussaat in Töpfen

Das Prinzip ist genau das gleiche wie bei Saatschalen, nur in klei-

Schlechte Keimung

Für schlechte, unregelmäßige oder nicht stattgefundene Keimung gibt es mehrere Gründe:

- *Alte Samen keimen schlecht, da der Prozentsatz der keimfähigen Samen mit jedem Jahr geringer wird.*
- *Ungünstige Lagerung kann dazu führen, dass sogar Samen, die nicht zu alt sind, austrocknen und nicht mehr keimen.*
- *Unregelmäßiges Gießen führt zu abwechselnd durchtränktem und ausgetrocknetem Substrat. Die Sämlinge ertrinken oder verschrumpeln.*
- *Zugluft sorgt für ein Auskühlen der Jungpflanzen. Ihre Wirkung wird in dem exponiertesten Teil der Schale am meisten zu sehen sein.*
- *Falsche Lichtmengen beeinflussen die Keimung, da jeder Samen bestimmte Bedürfnisse hat; manche brauchen mehr, andere weniger Licht. Bei Pflanzen, die man das erste Mal zieht, sollte die Packungsaufschrift sorgfältig gelesen und deren Anweisungen genau gefolgt werden. Auf gar keinen Fall sollte Samen einfach ausgesät und mit Substrat bedeckt werden; manche Samen brauchen nur wenig oder gar keine Bedeckung, während andere mit sehr viel Substrat bedeckt werden müssen.*
- *Falsche oder wechselnde Temperaturen beeinflussen die Keimung. Alle Samen haben eine sogenannte Wohlfühltemperatur sowie einen Grenzbereich, den sie gerade noch tolerieren. Ist es zu warm oder zu kalt für die Samen, wird das Wachstum eingestellt.*

nerem Maßstab. Töpfe sind ideal für kleine Samenmengen oder um größere Samen einzeln auszusäen.
Die Töpfe können in einer Saatschale ohne Abflusslöcher zusammengestellt werden und nehmen somit weniger Platz ein.

Pflanzen, die auf eine Störung ihres Wurzelraumes empfindlich reagieren, können in Einzeltöpfchen oder in eine Multipalette gesät werden. Dadurch bleiben die Wurzeln beim Umpflanzen als kompakter Block erhalten.

Die Samen einiger Pflanzen können ganzjährig ausgesät werden, da sie keiner Ruhephase unterliegen und das ganze Jahr über wachsen – wenn auch unterschiedlich schnell. Viele dieser von uns als Zimmerpflanzen bekannten Gewächse können im Prinzip zu jeder Jahreszeit vermehrt werden, wobei es einige Zeiten im Jahr gibt, an denen sie leichter zu vermehren sind als an anderen.

Bei anderen Pflanzen kann die Vermehrung schwieriger sein, weil ihr Wachstumsverhalten eng mit den Verhältnissen von Boden und Lufttemperatur sowie der Länge der Tage zu den jeweiligen Jahreszeiten verknüpft ist. Sogar einige recht robuste Pflanzen sind für etwas Unterstützung bei der Vermehrung dankbar. Man sollte sie unter geschützten Bedingungen aussäen und aufziehen, bis sie kräftig genug sind, im Freien zu überleben.

Samen aufbewahren

Sät man nicht die gesamte Samenpackung aus, sollte die Tüte mit dem Rest des Samens sorgfältig verschlossen werden. Man faltet die Tüte zu und bewahrt sie in einem luftdichten Gefäß an einem dunklen, trockenen, frostfreien Ort auf.

Die Samen sollten sich mindestens ein Jahr halten. Es gibt keine Regel, die besagt, dass man stets die ganze Samenpackung aussäen muss. Viele der Samen halten sich über mehrere Jahre, solange sie unter guten Bedingungen aufbewahrt werden. Dies ist beispielsweise bei Gemüsesamen häufig der Fall, etwa bei Tomaten und Paprika. Oft wird von diesen nur eine begrenzte Anzahl von Samen gebraucht.

Zimmerpflanzen

Die folgenden Zimmerpflanzen zählen zu den am häufigsten aus Samen gezogenen Pflanzen. Sie sollten bei der angegebenen Temperatur ausgesät werden. Andere beliebte Zimmerpflanzen wie das Usambaraveilchen *(Saintpaulia)* und die Drehfrucht *(Streptocarpus)* werden in der Regel durch Stecklinge vermehrt (siehe Seite 84 bis 85).

Pflanze	Temperatur
Asparagus densiflorus Sprengeri-Gruppe	16 °C
Asparagus setaceus (Zierspargel)	16 °C
Begonia pendula-Kultivare	21 °C
Campanula isophylla (Glockenblume)	Kalthaus
Capsicum annuum (Zierpfeffer)	21 °C
Cyclamen persicum (Alpenveilchen)	12–15 °C
Hypoestes phyllostachya (Punktblume)	15–18 °C
Impatiens walleriana-Hybriden (Fleißiges Lieschen)	16–18 °C
Pericallis x hybrida (Gartencinerarie, Aschenblume)	13–18 °C
Solenostemon scutellarioides (Buntnessel)	22–24 °C

Beetpflanzen

Das Säen von Einjährigen unter Glas gibt ihnen einen Vorsprung vor den im Freiland gesäten Pflanzen. Die folgenden Angaben können auf die Freiland-Standorte übertragen werden, sofern keine Fröste mehr drohen.

Pflanze	Aussaatzeit	Temperatur
Ageratum houstonianum-Kultivare (Leberbalsam)	Spätwinter bis mittleres Frühjahr	18 – 21 °C
Alyssum ssp. (Steinkraut)	zeitiges bis mittleres Frühjahr	15 – 18 °C
Antirrhinum majus- Hybriden (Löwenmäulchen)	Spätwinter bis zeitiges Frühjahr	15 – 18 °C
Bassia scoparia (Dornmelde)	zeitiges bis mittleres Frühjahr	15 – 18 °C
Begonia semperflorens	zeitiges Frühjahr	21 °C
Cosmos ssp.	zeitiges bis spätes Frühjahr	18 °C
Dorotheanus bellidiformis (Mittagsblume)	Spätwinter bis zeitiges Frühjahr	18 °C
Lobelia-Hybriden	Spätwinter bis zeitiges Frühjahr	18 °C
Nemesia ssp. (Elfenspiegel)	zeitiges bis mittleres Frühjahr	15 –18 °C
Nicotiana ssp. (Ziertabak)	mittleres Frühjahr	18 °C
Pelargonium ssp. (Geranie)	Spätwinter bis zeitiges Frühjahr	13 –18 °C
Petunia-Hybriden (Petunien)	zeitiges bis mittleres Frühjahr	15 –18 °C
Salvia splendens-Sorten	mittleres Frühjahr	15 –18 °C
Senecio cineraria	Spätwinter	18 °C
Tagetes erecta-Hybriden (Sammetblume)	Spätwinter	18 °C
Tagetes-patula-Hybriden (Studentenblume)	mittleres Frühjahr	18 °C
Verbena-Sorten (Eisenkraut)	Herbst oder zeitiges Frühjahr	18 –21 °C

Gemüse

Die Samen folgender Gemüsearten werden unter Glas ausgesät, um sicherzustellen, dass die Pflanzen eine möglichst lange Wachstumszeit haben. Sobald keine Fröste mehr drohen, können sie ausgepflanzt werden.

Pflanze	Aussaatzeit	Temperatur
Aubergine	mittleres bis spätes Frühjahr	18 °C
Gurke	mittleres bis spätes Frühjahr	18 °C
Melonen	mittleres bis spätes Frühjahr	18 °C
Paprika	mittleres Frühjahr	18 °C
Sellerie	zeitiges bis mittleres Frühjahr	18 °C
Tomate	zeitiges bis mittleres Frühjahr	18 °C
Zucchini	mittleres bis spätes Frühjahr	18 °C
Zuckermais	mittleres bis spätes Frühjahr	15 °C

Anritzen

Manche Samen entwickeln eine harte äußere Hülle, die das Eindringen von Wasser verhindert. Manchmal genügt es, die Samen 12 Stunden (über Nacht) in warmem Wasser einzuweichen, aber einige widerspenstige Arten brauchen zusätzliche Hilfe. Unter Anritzen versteht man das vorsichtige Einschneiden (Einkerben oder Abschälen) der äußeren Hülle mittels eines Messers oder das Aufrauen der Samen mit Schleifpapier.

Links: Beim Auspflanzen von Sämlingen lockert man zunächst immer die Wurzeln. Niemals werden die Jungpflanzen an den Stängeln angefasst.

PIKIEREN

Wenn Sämlinge sich entwickeln und wachsen, bedrängen sie sich gegenseitig in ihren Pflanzgefäßen. Dies hat zwei sichtbare Auswirkungen:

- Der Lichtmangel führt dazu, dass die Sämlinge nach oben schießen und dadurch hoch und schwach werden.
- Nährstoff- und Wassermangel verlangsamen die Wachstumsgeschwindigkeit.

Beide Faktoren wirken sich negativ auf die Resistenz der Jungpflanzen aus, die nun Krankheiten und Schädlingsbefall schlechter abwehren können. Um dies zu verhindern, verpflanzt man in der Regel die Keimpflanzen in neue, geräumigere Pflanzgefäße. Dieser Vorgang, der Pikieren genannt wird, kann darin bestehen, die Pflanzen in Einzeltöpfchen, eine größere Saatschale oder in Multipaletten (saatschalengroße Kunststoffplatten, die in viele Einzelzellen unterteilt sind) zu setzen.

Der richtige Zeitpunkt fürs Umtopfen

Jedes Mal, wenn eine Pflanze entwurzelt und in ein neues Pflanzgefäß gesetzt wird, erleidet sie einen Umpflanzschock. Sie muss sich wieder an den neuen Standort anpassen und erneut Wurzeln schlagen. Man sollte daher versuchen, das Umpflanzen so zu gestalten, dass dieser Schock auf ein Minimum reduziert wird. Der Zeitpunkt des Umtopfens spielt hierbei eine entscheidende Rolle.

Es empfiehlt sich, mit dem Umsetzen von Sämlingen so lange zu warten, bis sich das zweite Blattpaar sich zu öffnen beginnt. Das erste Blattpaar nennt man Keimblätter. Sie haben wenig oder gar keine Ähnlichkeit mit den zweiten beziehungsweise ›echten‹ Blättern der Pflanze. Die Keimblätter sind oft rund und glatt. Ihre Hauptaufgabe besteht darin, die Pflanze mit Nahrung zu versorgen, damit sie weiter wachsen kann.

Wenn das zweite Blattpaar anfängt, sich zu öffnen, wird das Wurzelsystem soweit entwickelt sein, dass es einerseits die Pflanze mit Nährstoffen versorgen kann, andererseits aber noch nicht so groß ist, um ein Herausnehmen aus dem Pflanzgefäß zu erschweren.

Die Handhabung der Pflanzen

Zu diesem Zeitpunkt sind die Sämlinge sehr empfindlich. Daher ist beim Umtopfen größte Vorsicht geboten. Es ist wichtig, die Keimpflanzen von ihrem ursprünglichen Pflanzgefäß zu lösen, bevor sie aufgenommen werden, andernfalls könnten die Wurzeln abreißen. Man benutzt ein großes Pflanzenetikett oder ein Pflanzholz (siehe Seite 18), um die Wurzeln von unten her zu lockern und sie vorsichtig anzuheben.

Man fasst den Sämling vorsichtig an einem der Keimblätter an und hebt ihn aus dem Substrat. Niemals wird die Keimpflanze am Stängel angefasst, denn sobald dieser gequetscht oder geknickt wird, verliert man die Pflanze. Wird hingegen das Keimblatt verletzt, so hat dies keine Folgen, denn die Pflanze hat nicht nur ein weiteres, sondern braucht die Keimblätter nicht einmal mehr, sobald die echten Blätter gewachsen sind.

Wieder einpflanzen

Vor dem Einpflanzen der neuen Sämlinge wird das Pflanzgefäß mit Substrat aufgefüllt und bewässert. Dann wird ein Sämling nach dem anderen in das neue Gefäß gepflanzt. Man macht ein Loch in das Substrat, das groß genug sein sollte, um alle Wurzeln der Pflanze darin aufzunehmen. Danach senkt man die Pflanze in das Loch und drückt sanft etwas Substrat von der Seite an, damit der Sämling Halt findet. Es sollte darauf geachtet werden, dass kein Luftloch am Boden des Pflanzlochs entsteht, sonst trocknet der Sämling aus und wird schwerlich anwachsen. Andererseits darf das Substrat nicht zu fest angedrückt werden. Am besten bewurzeln sich die Pflanzen im neuen Substrat, wenn man die Schale erst gießt, nachdem sie vollständig bepflanzt wurde. Dazu wird eine feine Brause benutzt, mit der man die Pflanzen eher mit Wasser besprüht als sie damit zu überschütten, was sie aus dem Substrat ausspülen könnte.

Der richtige Abstand

Wenn Sie Samen wie die von Gemüse direkt ins Freiland in ein vorbereitetes Beet säen, kann es einfacher sein, eine Punkt- oder Lückensaat vorzunehmen.

Das bedeutet, dass der Samen nicht in einer geraden Linie entlang der Reihe ausgesät wird, sondern in Gruppen auf dem Beet. Die Sämlinge werden nach der Keimung dann ausgedünnt, um kräftige, gesunde Jungpflanzen zu bekommen. Falls man die Gruppen gleich entsprechend dem späteren Abstand der Erntefrüchte spationiert, müssen die verbleibenden Sämlinge später nicht mehr umgepflanzt werden.

Die Handhabung der Sämlinge

Sämlinge können problemlos umgepflanzt werden, wenn darauf geachtet wird:

- *die Wurzeln zu lockern*
- *die Sämlinge an den Keimblättern zu halten*
- *die Wurzeln vorsichtig herauszuholen*

Pikieren

Sobald Sämlinge Keimblätter haben und man diese anfassen kann, sollten die Keimpflanzen in Pflanzgefäße mit fruchtbarerem Substrat umgesetzt werden.

__1__ Man klopft an die Seiten der Schale, um das Substrat etwas zu lockern, sodass es weniger fest ist. Mit einem kleinen Pflanzholz oder einem Pflanzenetikett gräbt man vorsichtig im Substrat und lockert die Wurzeln eines jeden Sämlings. Danach wird der Sämling aus dem Substrat herausgehoben, wobei man ihn an einem der Keimblätter hält.

__2__ In eine Schale mit frischem Substrat wird ein Loch gemacht und der Sämling (den man am Keimblatt hält) hineingehoben, sodass man seine Wurzeln in das Loch absenken kann. Wenn alle Wurzeln drin sind, drückt man das Substrat sanft mit dem Pflanzholz an. Die Sämlinge werden in gleichen Abständen gesetzt und mit einer feinen Brause gegossen.

Links: Ausreichende Lüftung ist wichtig, um die Sämlinge vor dem Auspflanzen abzuhärten.

Rechts: Glasüberdachungen eignen sich bestens, um die Pflanzen im zeitigen Frühjahr vor Kälte zu schützen.

ABHÄRTEN

Eine Jungpflanze, die in einer warmen, geschützten Umgebung herangezogen wurde, ist die Bedingungen im Freiland nicht gewöhnt. Die plötzliche Belastung durch kältere Temperaturen, Wind, starkes Sonnenlicht und vielleicht auch noch unregelmäßiges Gießen erweist sich oft als zu hoch. Pflanzt man die Jungpflanze direkt aus, würde sie mit Sicherheit eingehen.

Um zu vermeiden, dass die Pflanze einer drastischen Änderung der Standortbedingungen ausgesetzt ist, härtet man sie zunächst ab. Das heißt, dass man die Jungpflanze schrittweise an die neuen Freilandbedingungen gewöhnt.

Startbedingungen

Für die Keimung benötigen Samen eine warme, feuchte und oftmals auch dunkle Umgebung. Sobald das Wachstum einsetzt, brauchen die Keimpflanzen aber anstelle von Wärme vor allem Licht. Man kann sie daher an einen etwas kühleren, dafür aber hellen Ort umsiedeln. Zu hohe Temperaturen führen bei den Jungpflanzen zu einem schlechten Wachstum – das Pflanzengewebe wird weich und die Pflanzen schießen in die Höhe. Kühlere Temperaturen führen dazu, dass sich die Zellwände stärker entwickeln. Das Ergebnis ist eine kräftigere Pflanze, die eine größere Widerstandskraft gegen Krankheiten hat.

Nachdem man die Sämlinge das erste Mal umgepflanzt hat, können sie kühler gestellt werden, etwa in ein Gewächshaus oder Frühbeet. Man sollte jedoch besonders im zeitigen Frühling den Wetterbericht verfolgen. Ein plötzlicher Temperatursturz wie etwa eine extrem kalte, frostige Nacht kann die Jungpflanze schädigen und dazu führen, dass sie eingeht. Daher ist es ratsam, einen zusätzlichen Schutz bereit zu halten – zum Beispiel eine Gewächshausheizung, ein Gärtnervlies oder einige alte Zeitungen – mit dem man die Pflanzen vor Frost schützen kann.

Belüftung

Sobald das Wetter draußen ein wenig wärmer und angenehmer wird, kann man das Frühbeet mit den Setzlingen belüften, wobei täglich das Fenster etwas länger offen bleibt. Damit gewöhnen

sich die Jungpflanzen langsam an die Bedingungen im Garten. Schließlich kann man die Pflanzgefäße an ein geschütztes Fleckchen nach draußen bringen, um das Wetter optimal auszunutzen. Dennoch müssen sie nachts wieder eingeräumt werden.

Kräftiges Wachstum anregen

Manche Pflanzen schießen, werden sie ihrem Schicksal überlassen, in die Höhe und haben einen einzigen, hohen, schwachen Stängel. Die Kappung der obersten Spitze der Pflanze verhindert, dass sie weiter in die Höhe wächst. Das Wachstum der bisher ruhenden Seitenknospen wird angeregt und Zweige entstehen. Man erhält so eine niedrige, verzweigte Pflanze.

Das gleiche Prinzip ist auf das Wurzelsystem mancher Bäume und Sträucher anzuwenden, die dazu neigen, lange, einzelne Pfahlwurzeln mit wenigen, kleinen Seitenwurzeln zu treiben. Solche Pflanzen brauchen oft lange, um sich nach einem Umpflanzen wieder einzugewöhnen. Mit ein wenig Vorausplanung ist das Problem aber in den Griff zu bekommen. Einige Wochen vor der Verpflanzung werden die Wurzeln gelockert, indem man eine Grabegabel nahe am Fuß des Sämlings in den Boden sticht und sie etwas anhebt. Dies kappt die Pfahlwurzel, wodurch das Wachstum der Seitenwurzeln angeregt wird. Die Pflanze lässt sich nun besser umtopfen.

Pflanzen kräftigen

Wenn Keimpflanzen vor den Widrigkeiten des Wetters geschützt aufwachsen, schießen sie besonders im Sämlingsstadium manchmal in die Höhe und vergeilen. Dies liegt daran, dass sie von den Einflüssen der Natur vollkommen abgeschirmt sind. Im Freien wachsende Sämlinge sind niedriger und kräftiger. Ein Grund dafür ist der Wind, welcher die Jungpflanzen ständiger Bewegung aussetzt. Um dieser Beanspruchung besser Stand halten zu können, verdicken sich die Zellen der im Freien wachsenden Keimpflanze, die dadurch kompakter und buschiger wird.

Es wurde festgestellt, dass durch ein- bis zweimal tägliches Streichen über die Sämlinge die Bewegung des Windes nachgeahmt werden kann. Das führt dazu, dass sich genau wie in der Natur die Zellwände der Keimpflanze verstärken, um so dieser Bewegung besser Stand halten zu können. Dadurch wachsen die im Zimmer gezogenen Jungpflanzen kräftiger, als sie es normalerweise tun würden.

Töpfe zur Wurzelstärkung

Es gibt eine Pflanzentopfart, die eine kleine Tasche oder Aushöhlung am Boden hat. Diese bildet quasi einen Hohlraum zwischen dem Substrat und der Unterlage, auf dem der Topf steht. Die Pfahlwurzel des Sämlings wächst gerade zum Topfboden hinab, aus dem Substrat hinaus und in die Luftkammer, wo die Wurzelspitze wegen des Mangels an Feuchtigkeit welkt und abstirbt. Das regt das Wachstum von Seitenwurzeln an und erzeugt ein viel verzweigtes Wurzelgeflecht, das dem Wachstum der Pflanze mehr nützt als schadet.

Links: Die Aussaat von Samen in Saatrillen erleichtert es, die Keimung der Samen zu beobachten sowie das unliebsame Unkraut zu entfernen.

AUSSAATEN IM FREILAND

Manche Samen keimen bei der direkten Aussaat im Freien sehr leicht. Voraussetzung hierfür ist natürlich, dass die Bedingungen stimmen. Man kann die Samen entweder gleich an ihrem endgültigen Standort aussäen oder zieht sie in einem Saatbeet heran und pflanzt sie später noch einmal um. Baum- und Strauchsamen brauchen für die Keimung selten zusätzliche Wärme – tatsächlich benötigen sie sogar oft eine Kälteperiode (wie den Winter), bevor sie wachsen können.

Die wichtigste Voraussetzung für die Keimung ist die Bodentemperatur. Sie muss einen bestimmten Punkt erreichen, damit der Samen keimen kann.

Robuste Einjährige können im Frühjahr in die Beeterde gesät werden und ergeben den ganzen Sommer über einen attraktiven Blumenschmuck. Häufig säen sie sich selbst aus und erscheinen in demselben Gartenbereich über mehrere Jahre. Um mit den robusten Einjährigen einen imposanten Eindruck zu erzielen, pflanzt man sie in großen Gruppen oder Driften. Die Pflanzen sollten verschiedene Farben und Wuchshöhen haben und so angeordnet sein, dass sie miteinander kontrastieren oder sich ergänzen.

Vorbereiten eines Saatbeetes

Je feiner die ausgesäten Samen sind, desto feinkrümeliger muss die Bodenoberfläche sein. Wenn die Oberfläche zu grob ist, finden sich die Samen vielleicht in einer trockenen Luftkammer wieder, wo sie aufgrund von Nahrungsmangel eingehen. Nachdem Umgraben des Beetes recht man die Erdoberfläche mit einem feinzinkigen Rechen und zerbröselt dabei alle verbleibenden Erdklumpen. Die Oberfläche sollte eben und gleichmäßig sein.

Für Samen geeignete Substrate

Für Samen, die zur Keimung im Freiland ausgesät werden, eignen sich Substrate auf Lehm- oder Erdbasis. Diese Substrate enthalten Düngemittel, die in den Wintermonaten nicht so schnell ausgewaschen werden.

Robuste Einjährige und Zweijährige

Die folgenden Pflanzen können, sobald keine späten Fröste mehr zu befürchten sind, im Freien gesät werden. Einjährige bilden bereits im ersten Jahr Blüten. Zweijährige haben im ersten Jahr Blätter und erst im zweiten blühen sie und produzieren Samen.

Pflanze	Aussaatzeit	Bodentemperatur
Amaranthus caudatus (Fuchsschwanz)	mittleres Frühjahr	7 °C
Bellis perennis (Tausendschön)	spätes bis mittleres Frühjahr	8 °C
Bracteantha bracteata (Strohblume)	mittleres bis spätes Frühjahr	7 °C
Calendula officinalis (Ringelblume)	zeitiges Frühjahr	5 °C
Clarkia amoena (Godetie)	zeitiges bis mittleres Frühjahr	7 °C
Clarkia unguiculata	zeitiges Frühjahr	5 °C
Consolida ajacis (Gartenrittersporn)	zeitiges bis mittleres Frühjahr	7 °C
Dianthus barbatus (Bartnelke)	Spätfrühjahr oder Frühsommer	10 °C
Digitalis purpurea (Fingerhut)	Frühsommer bis Hochsommer	10 °C
Dipsacus fullonum (Karde)	Frühsommer bis Hochsommer	10 °C
Erysium x allionii (Schöterich)	Spätfrühjahr bis Hochsommer	8 °C
Erysium cheiri (Goldlack)	Spätfrühjahr bis Frühsommer	8 °C
Eschscholzia californica (Kalifornischer Goldmohn)	zeitiges Frühjahr	5 °C
Gypsophila elegans	zeitiges Frühjahr	5 °C
Helianthus annuus (Sonnenblume)	mittleres Frühjahr	7 °C
Iberis sempervirens (Schleifenblume)	zeitiges bis spätes Frühjahr	7 °C
Lavatera trimestris (Bechermalve)	zeitiges bis mittleres Frühjahr	7 °C
Limnanthes douglasii (Sumpfblume)	zeitiges Frühjahr	5 °C
Lunaria annua (Silberling)	Frühsommer bis Hochsommer	10 °C
Malcomia maritima	zeitiges Frühjahr bis Hochsommer	7 °C
Matthiola incana (Gartenlevkoje)	mittleres bis spätes Frühjahr	7 °C
Myosotis sylvatica (Vergissmeinnicht)	spätes Frühjahr bis Hochsommer	8 °C
Nigella damascena (Jungfer im Grünen)	zeitiges Frühjahr	5 °C
Oenothera biennis (Nachtkerze)	Frühsommer bis Hochsommer	10 °C
Papaver nudicaule (Islandmohn)	spätes Frühjahr bis Frühsommer	7 °C
Primula-Hybriden	spätes Frühjahr bis Frühsommer	8 °C
Tropaeolum majus (Kapuzinerkresse)	mittleres Frühjahr	7 °C
Verbascum ssp. (Königskerze)	mittleres Frühjahr	7 °C
Viola x wittrockiana (Stiefmütterchen)	Frühsommer bis Hochsommer	10 °C

Aussaat in Saatrillen

Eine Saatrille ist eine schmale, mit dem Ende eines Bambusstabes oder einer V-förmigen Hacke in den Boden gezogene Furche. Die Samen werden gleichmäßig entlang der Furche gesät, indem man sie mit Daumen und Zeigefinger ausstreut (bei feineren Samen) oder sie in gleichmäßigen Abständen in die Furche hinein legt (bei größeren Samen). Nach der Aussaat müssen die Samen bedeckt werden. Dies kann rasch und bequem erfolgen, indem man den Rechen umdreht und mit der flachen Seite die Erde neben der Furche wieder zurück in die Saatrille schiebt. Sät man verschiedene Pflanzen nebeneinander, so werden die einzelnen Stellen mit Sand markiert. Die Saatrillen zieht man schräg, sodass die Linien später weniger ins Auge fallen.

Breitsaat

Samen können ausgesät werden, indem man sie gleichmäßig über eine Fläche verteilt, statt sie in geraden Linien in Rillen auszusäen. Diese Methode wird als Breitsaat bezeichnet. Sie erweckt

Gemüse

Gemüse wird gesät, sobald die Bodentemperatur gemäß der nachfolgenden Tabelle hoch genug ist, um eine möglichst lange Wachstumszeit zu garantieren.

Pflanze	Aussaatzeit	Bodentemperatur
Brokkoli	mittleres Frühjahr bis Hochsommer	8 °C
Buschbohnen	mittleres Frühjahr bis Hochsommer	8 °C
Chinakohl	Frühsommer bis Spätsommer	10 °C
Dicke Bohnen	mittleres bis spätes Frühjahr	8 °C
Erbsen, Haupternte	mittleres Frühjahr bis Hochsommer	8 °C
Frühe Erbsen	zeitiges bis mittleres Frühjahr	7 °C
Frühe Möhren	zeitiges bis spätes Frühjahr	7 °C
Gemüsezwiebeln	Spätwinter bis Frühsommer	5 °C
Kohlrabi	mittleres Frühjahr bis Hochsommer	8 °C
Kohlrüben	Spätfrühjahr bis Frühsommer	8 °C
Küchenzwiebeln	Spätwinter bis zeitiges Frühjahr	5 °C
Mangold	mittleres Frühjahr oder Spätsommer	8 °C
Möhren, Haupternte	mittleres bis spätes Frühjahr	7 °C
Pastinaken	mittleres bis spätes Frühjahr	8 °C
Radieschen	zeitiges Frühjahr bis Frühherbst	7 °C
Rote Bete	zeitiges Frühjahr bis Frühsommer	7 °C
Salat	zeitiges Frühjahr bis Hochsommer	7 °C
Sommerspinat	zeitiges bis spätes Frühjahr	7 °C
Spargelbohnen	mittleres bis spätes Frühjahr	8 °C
Stangenbohnen	spätes Frühjahr bis Hochsommer	8 °C
Steckrüben	mittleres Frühjahr bis Spätsommer	8 °C
Winterspinat	Frühherbst bis mittlerer Herbst	10 °C
Zuckererbsen	mittleres Frühjahr bis Hochsommer	8 °C
Zuckermais	Spätfrühjahr bis Frühsommer	10 °C
Zwiebeln, Herbstsaat	Spätsommer bis Frühherbst	10 °C

den Eindruck von natürlichem, unkontrolliertem Wachstum. Besonders oft wird die Breitsaat bei einjährigen Pflanzen angewandt, wenn keine Fröste mehr drohen, und die Einjährigen nicht mehr verpflanzt werden müssen. Nach dem Aussäen sollte man die Saat durch Rechen in den Boden einarbeiten.

Große Samen säen

Wenn Samen groß genug sind, kann man sie exakt entlang einer Saatrille auslegen und anschließend mit Erde bedecken. Bei der Aussaat großer Samen wie Bohnen lässt sich auch ein Pflanzholz für das Pflanzloch benutzen, in das der Samen gelegt wird.

Kleine Samen säen

Kleine Samen können vor der Aussaat mit etwas Gartensand gemischt werden. Dadurch lässt sich besser kontrollieren, wie dicht und wohin der Samen gesät wird. Man bedeckt die Samen-Sand-Mischung mit fein gesiebter Erde und gießt sie vorsichtig an. Bei zu heftigem Gießen könnte der Samen wieder ausgespült werden. Außerdem könnte das Substrat eine Kruste bilden, welche dem Wachstum der jungen Sämlinge schadet.

Bei leichten, kleinen Samen besteht die Gefahr, dass sie vom Wind weggeweht werden. Wird eine Samenart ausgesät, die nicht mit Substrat bedeckt werden muss, kann dies daher problematisch sein. Eine Lösung ist feiner Splitt, den man über den ausgesäten Samen stäubt. Er ist schwer genug, um die Samen an Ort und Stelle zu halten, lässt aber ausreichend Licht durch.

Einjährige säen

Einjährige Sommerblumen können im späten Frühjahr, wenn keine Spätfröste mehr drohen, direkt im Freiland an Ort und Stelle ausgesät werden. Man

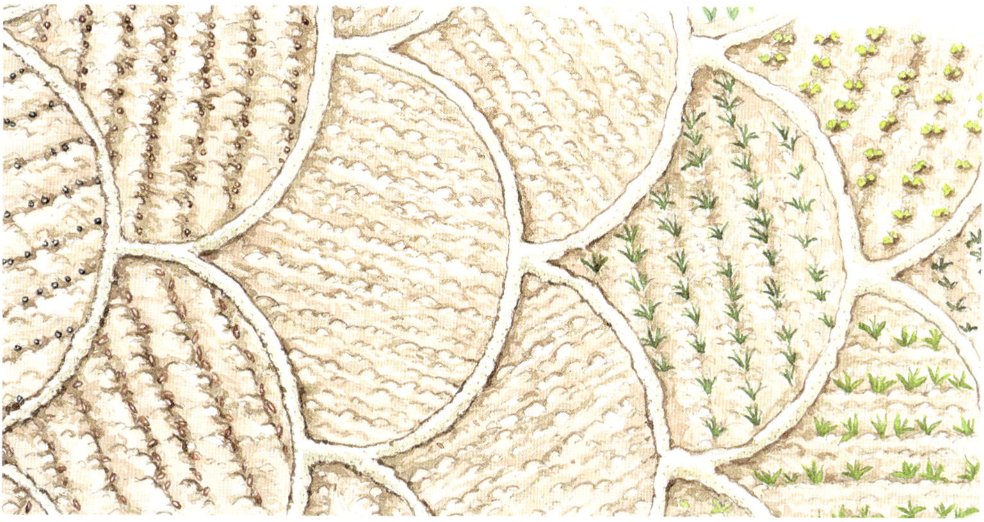

Man kennzeichnet Driften unterschiedlicher Pflanzenarten mit Linien aus Gartensand oder einem spitzen Rohr und richtet die Reihen in jedem Abschnitt in eine andere Richtung aus, sodass sie nicht mehr sichtbar sind, nachdem die Pflanzen ihre volle Wuchshöhe erreicht haben.

bereitet den Boden des Saatbeetes vor und markiert die Driften für jede Samenart mit Linien aus Gartensand, damit die Abschnitte klar zu erkennen sind und die Samen nur innerhalb dieser ausgesät werden. Nach der Aussaat der Samen recht man jeden markierten Bereich des Saatbeetes in einer anderen Richtung. Durch die Zinken des Rechens werden Reihen gezogen in denen die Samen liegen bleiben. Dadurch, dass die einzelnen Abschnitte in verschiedene Richtungen gerecht werden, sind die Sämlingsreihen auf dem Saatbeet nicht parallel zueinander ausgerichtet. So wird verhindert, dass man von einem Ende des Beetes zum anderen hindurchsehen kann.

Die Aussaat vorbereiten

Wenn man den Boden des Saatbeetes einige Wochen vor Aussaatbeginn mit schwarzer Plastikfolie abdeckt, kann der Boden die Sonnenwärme speichern. Dies kann die Bodentemperatur vor der Aussaat um einige Grade ansteigen lassen, sodass die Sämlinge optimale Voraussetzungen vorfinden.

Ausdünnen

Genauso wie Sämlinge in Töpfen und Saatschalen pikiert und ausgepflanzt werden müssen, sobald sie ihre ersten echten Blätter entwickelt haben, sollten auch die im Freien wachsenden Sämlinge ausgedünnt werden, um kräftige, gesunde Pflanzen zu bekommen, die genügend Platz und Nährstoffe haben, um gut zu wachsen. Außerdem werden Schädlinge und Krankheiten bei zu dicht wachsenden Pflanzen schneller übertragen.

Ungewollte und schwache Sämlinge entfernt man so früh wie möglich, wobei die kräftigsten Keimpflanzen stehen bleiben. Dann drückt man das Substrat um die verbleibenden Pflanzen gut an und gießt sie.

Kühlen

Einige Samen müssen einen Winter im Freien verbringen bevor sie keimen können. Durch einen Vorgang, den man ›Kühlen‹ nennt, kann man die Keimzeit verkürzen. Dazu werden die Samen für einige Wochen in den Kühlschrank gelegt, wodurch ihnen ein Winter im Freien vorgetäuscht wird.

Man legt die Samen zusammen mit etwas feuchtem Sand, der ein Austrocknen verhindern soll, in eine Plastiktüte aus Polyäthylen und verschließt sie gut. Diese wird für sechs bis acht Wochen in das Salatfach des Kühlschrankes gelegt. Danach sät man die Samen im Freiland oder in Töpfen aus. Sie werden nun noch vor dem nächsten Winter keimen.

Soll Samen beispielsweise von Rosen auf natürliche Weise gekühlt werden, ohne sie gleich auszusäen, kann man sie stratifizieren. Dazu wird eine Schicht feuchten Sand in ein Schraubglas gefüllt, eine Lage Samen hinzugefügt, dann wieder eine Lage Sand und so weiter, bis das Glas gefüllt ist. Dann wird es zugeschraubt und bis zur Hälfte im Gartenboden vergraben, wo es den Winter über bleibt. So wird der Samen für ein gutes Keimungsergebnis im Frühjahr vorbereitet.

SAMEN UND SÄMLINGE SCHÜTZEN

In den ersten Wochen sind Sämlinge sehr empfindlich und anfällig. Extreme Wetterschwankungen können das Wachstum der jungen Keimpflanzen hemmen und sogar dazu führen, dass sie eingehen. Auch Krankheits- und Schädlingsbefall können die jungen Pflanzen nur schlecht abwehren. Die Wahrscheinlichkeit, dass sie in diesem Fall eingehen, ist sehr hoch. Es ist die Aufgabe des Gärtners, die Keimpflanzen so gut wie möglich vor Widrigkeiten zu schützen. Dies ist weniger schwierig, als es zunächst scheinen mag. Ein paar Vorkehrungen sorgen dafür, dass die Sämlinge unter den bestmöglichen Bedingungen keimen und wachsen können, um sich zu kräftigen, gesunden, fruchtbaren Pflanzen zu entwickeln.

Frost

Das Wetter kann im Frühjahr sehr wechselhaft sein, mit warmen Tagen und kalten Nächten. Besonders schlecht sind für die Sämlinge klare, kalte Nächte, in denen die Temperatur fällt und sich Frost bildet. Die Gefahr dabei ist, dass das Wasser in den Pflanzenzellen friert, sich ausdehnt und die Zellwände schädigt. Dieser Schaden ist irreparabel und würde bedeuten, dass die Pflanze eingeht.

Ein Frühbeet oder ein unbeheiztes Gewächshaus sollte genug Schutz geben, um die Sämlinge in der gefährlichen Zeit des zeitigen Frühjahres frostfrei zu halten. Pflanzen, die im Freien sind, werden bei Frost unter ein Dach gebracht. Bietet sich hierfür keine Möglichkeit, so können Zeitungen oder ein Stück Gärtnervlies über die Pflanzen gelegt und so einige Frostgrade überbrückt werden. Bei angekündig-

Links: Das Abdecken mit Gärtnervlies schützt die Pflanzen und lässt dennoch Licht hindurch.

Rechts: Getränkeflaschen aus Plastik sind ideale Mini-Glocken. Um zu Lüften, können die Verschlusskappen entfernt werden.

tem Nachtfrost werden sie am Abend zuvor über die Pflanzen ausgebreitet und am folgenden Tag wieder abgenommen, wenn die Temperaturen zu steigen beginnen.

Wind

Starker Wind kann die Pflanzen schädigen, weil er die Blattzellen austrocknet. Sogar bei ausgewachsenen Pflanzen sind die jungen Blätter besonders empfindlich. Größere Pflanzen haben aber im Gegensatz zu Sämlingen mehr Energiereserven, um neue Blätter zu bilden. Dagegen kann schon starke Zugluft am Fenster zartes junges Wachstum schädigen.

Töpfe oder Schalen mit Jungpflanzen sollten an einem geschützten Ort aufgestellt werden, besonders nach der Keimung und während des Abhärtens. Sobald die Jungpflanzen bereit sind für ein Auspflanzen im Freien, sind sie auch kräftig genug, Winden standzuhalten. An rauen Standorten oder wenn die Pflanzen für einen Balkonkasten bestimmt sind, kann man mit einem Streifen Vlies, einigen stützenden Bambusstöckchen und etwas Bindfaden einen kleinen Windschutz errichten.

Helles Sonnenlicht

Helles, direktes Sonnenlicht erzeugt Wärme, die das Wasser in den oberen Blattzellen erhitzt. Das Wasser kann so stark erhitzt werden, dass es die Blattzellen schädigt und diese nicht mehr der Produktion von Nährstoffen dienen können. Weil der von der Sonne zugefügte Schaden sich selten auf eine einzige Zelle beschränkt, kann dadurch das Wachstum der gesamten Pflanze beeinträchtigt sein.

Befinden sich die Sämlinge in einem Frühbeet oder Gewächshaus, können die Jungpflanzen geschützt werden, indem die Konstruktion abgedeckt oder durch einen schattierenden Anstrich geschützt wird (man verwendet 1 Teil weiße Lösung auf 10 Teile Wasser). Befinden sich die Pflanzen auf einem Fensterbrett im Zimmer, muss man sie während der Mittagszeit, wenn die Sonne am höchsten steht, aus dem direkten Sonnenlicht räumen oder sie mit einem Blatt Zeitungspapier abdecken. Stehen die Schalen im Freien, so sollte man zur Abdeckung eher Gärtnervlies als Zeitung verwenden, da es nicht so schnell vom Wind erfasst wird.

Schädlinge und Krankheiten

Die beste Methode, junge Pflanzen vor Schädlingen und Krankheiten zu schützen, ist eine gute Pflanzenpflege (siehe Seiten 114 bis 117). Ist eine Pflanze erst erkrankt oder von Schädlingen befallen, so wird sie noch anfälliger.

Eine der größten Herausforderungen bei der Pflanzenvermehrung ist es, zu lernen, schwache und kümmernde Pflanzen sofort zu entfernen. Sie ziehen Schädlinge und Krankheiten an, und infizieren nicht nur sich selbst sondern auch benachbarte, völlig gesunde Gewächse. Man prüft die Sämlinge regelmäßig und entfernt alle diejenigen, die nicht kräftig genug wachsen. Chemische Spritzmittel zur Krankheits- und Schädlingsbekämpfung sollten erst dann eingesetzt werden, wenn alles andere versagt hat.

5 TEILUNG

Manche Pflanzen bilden beim Wachstum eher Horste als einzelne Stängel. Diese Art des Wachstums kann viele Gründe haben. Die Horst bildenden Pflanzen können Stängel haben, die sich unter- und oberirdisch ausbreiten, sie können ihre Samen dicht neben den Elternpflanzen fallen lassen oder Ausläufer bilden.

Links: Auf den ersten Blick scheint das Teilen von Stauden den Pflanzen nicht gut zu tun. Fakt ist, dass sie besser wachsen, wenn sie alle paar Jahre geteilt werden.

Rechts: *Erigeron* kann in der Ruhezeit durch Teilung vermehrt und sofort wieder eingepflanzt werden.

Horst bildende Pflanzen werden oft dicht und verfilzen; sie haben Stängel, die um Licht, Wasser und Nährstoffe auf engstem Raum konkurrieren. Diese Konkurrenz verhindert ein gesundes Wachstum, was dazu führt, dass die Pflanzen klein und schwach sind und wenig Blüten und Früchte bilden. Auch wenn man die Pflanzen nicht vermehren möchte, sollten sie regelmäßig ausgedünnt werden, damit sie gesund und kräftig bleiben.

Viele Stauden bilden einen Horst, der einige Jahre überdauern kann. Fünf Jahre nach dem Setzen wird aber nur noch wenig von der ursprünglichen Pflanze erhalten sein: Nach dem Blühen sterben einzelne Stängel ab und werden durch neue Triebe ersetzt. Anders ist dies beim Wurzelsystem, das dem jährlichen Wachstumszyklus nicht unterliegt. Aber auch das Wurzelsystem fängt nach mehreren Jahren an, nach und nach abzusterben.

Leider beginnt das Abgestorbene, zu faulen und zieht Schädlinge und Krankheiten an, die das neue, junge und gesunde Wachstum behindern können. Wenn man diese Pflanzen regelmäßig im Abstand von drei bis fünf Jahren aufnimmt und sie teilt, verjüngt man die Pflanze gleichzeitig – auch wenn sie nicht vermehrt werden soll.

Statt alle Stauden auf einmal zu teilen, sollte das Rotationsprinzip angewendet werden. Die kräftigen Staudenteile, die man behalten will, können entweder an derselben Stelle oder auch anderswo gepflanzt werden. Nur gesund aussehende, kräftige Pflanzenteile werden behalten und das schwache und kranke Material weggeworfen. Pflanzen, für die im Garten kein Platz mehr ist, sollten entsorgt oder verschenkt werden. So ist garantiert, dass die verbleibenden Pflanzen wieder genügend Nährstoffe und Licht haben, um im Garten zu gedeihen.

Einige Methoden der Teilung sind aufwendiger und herausfordernder als das oben beschriebene einfache Teilen einer Pflanze in mehrere Teilstücke und deren erneutes einpflanzen.

Manche Pflanzen treiben aus und zweigen sich selbst von der Mutterpflanze ab, noch bevor man Stecklinge nehmen kann. Diese Arten eignen sich gut für die Bepflanzung im Frühjahr, da für das Auspflanzen nicht erst auf die Neubildung eines Wurzelsystems gewartet werden muss. Eines der Hauptprobleme bei diesen Pflanzen besteht darin, dass jedes abgebrochene Stück, das in der Erde bleibt, zu wachsen beginnt, und das normalerweise an Stellen, wo man sich nicht darüber freut.

Links: *Kerria japonica* 'Pleniflora' hat einen Ausläufer treibenden Wuchs. Dadurch eignet sie sich gut für eine Pflanzenteilung.

Rechts: Diese *Hemerocallis* 'Burning Daylight' besitzt dicke, fleischige Wurzeln und kann sehr einfach geteilt werden.

Unten rechts: Mannstreu *(Eryginum)* besitzt einen holzigen Wurzelhals; man braucht eine Säge, um ihn in Teilstücke zu zerschneiden.

RICHTIG TEILEN

Eine Pflanze aufzunehmen und zu teilen klingt zunächst einfach. Bei einem großen, verfilzten Wust von Wurzeln und Pflanzenteilen weiß man vielleicht nicht, wo man anfangen soll. Zunächst wird die Pflanze vollständig ausgegraben. Dafür wird um die Pflanze herum mit einem Spaten kreisförmig abgestochen und die Wurzeln von unten her abgetrennt, sodass man den gesamten Wurzelballen hochheben kann. Als erstes wird möglichst viel Erde von den Wurzeln gewaschen, damit sie gut zu sehen sind und man abschätzen kann, wo geschnitten werden sollte.

Wurzelsysteme

Wurde die Erde von den Wurzeln entfernt, schaut man sich den Wurzelballen genauer an, um zu erkennen, um welche Wuchsart es sich handelt:

- Dicke, fleischige Wurzeln (Rhizome), die sich unterirdisch ausbreiten – zum Beispiel bei manchen Schwertlilien.
- Mehrere Blattrosetten, die zusammen wachsen – zum Beispiel bei Primeln.
- Zahlreiche Blätter, die aus einem zentralen Horst wachsen; darunter befinden sich

dünne Wurzeln – zum Beispiel bei Ziergräsern.
- Viele holzige Stängel, die mit einem Wurzelklumpen verbunden sind – zum Beispiel bei *Kerria japonica* und *Symphoricarpos* ssp.

Andere Pflanzen wie etwa Narzissen bilden zahlreiche kleine Zwiebeln, die sich um eine große drängen. Krokusse beispielsweise erzeugen viele kleine, unabhängige Knollen. Auch diese Pflanzen vermehrt man durch Teilung (siehe Seite 94 bis 103).

Damit die Ableger nach dem Einpflanzen gut wachsen können, muss das Wurzelsystem je nach Wuchsart auf andere Weise geteilt werden. Allen Wuchsarten ist jedoch gemein, dass sie für die erfolgreiche Teilung einige Wurzeln und mindestens eine Triebspitze oder eine gewisse Anzahl von Blättern brauchen. Sonst wird der Ableger sich nicht zu einer neuen, gesunden Pflanze entwickeln können.

Große Horste teilen

Pflanzen wie Japansegge *(Carex morrowii)* und Taglilie *(Hemerocallis)* bilden große Horste, die schwierig zu teilen sind. Man versucht am besten, einen Graben um den Horst auszuheben und mit einer Grabegabel Teile der Pflanze nach außen in den Graben abzustemmen. Diese ausgegrabenen Stücke können dann in mehrere kleinere, zum Einpflanzen geeignete Teilstücke zerlegt werden. Diesen Vorgang kann man so lange rund um den Horst herum wiederholen, bis dieser aufgeteilt ist.

Kleine Horste teilen

Als kleine Horste gelten in der Regel solche, die leicht genug sind, dass sie eine Person ohne große Mühe aufnehmen kann. Sie sind viel leichter zu handhaben. Man kann den Horst auf eine Bank oder einen Tisch legen und so bequem arbeiten. Um die Pflanze in kleinere Stücke zu teilen, benutzt man zwei oder mehr Gabeln.

Der Gebrauch von Gabeln und Kellen

Der einfachste Weg, einen verfilzten Wurzelklumpen zu teilen, besteht darin, zwei Gabeln Rücken an Rücken in die Mitte des Wurzelballens zu stecken und sie auseinander zu ziehen. Abhängig von der Horstgröße benutzt man entweder kleine Handgabeln oder große Grabegabeln. Kleine Horste können aber auch einfach mit zwei Kellen geteilt werden.

Einsatz einer Säge

Einige Stauden wie Mannstreu (*Eryginum* ssp.) haben einen schwer zu teilenden, holzigen Wurzelkörper oder einen verholzten Wurzelhals. Dies ist besonders bei Pflanzen der Fall, die einen einzigen, dicken Strunk statt mehrerer kleiner haben. Man benutzt für die Teilung eine alte Säge. Eine neue wäre hierfür zu schade, weil die Partikel und Steine um den Wurzelstock herum diese beschädigen. Man kann statt einer Säge auch eine Axt benutzen. Bei schlechtem Zielen kann dies aber zu einer großen Verschwendung an Pflanzenmaterial führen.

Links: *Sedum spathulifolium* wurzelt überall da, wo der Stängel Bodenkontakt hat.

Rechts: Funkien sollten im Frühjahr aufgenommen und geteilt werden.

PFLANZEN MIT FASERWURZELN

Horst bildende und faserwurzelige Stauden mit relativ lockerem Wurzelwerk werden durch Teilung vermehrt, was in der Regel im Frühjahr geschieht, kurz bevor die Pflanzen zu wachsen beginnen. Während der nächsten Wachstumsperiode bildet sich aus den Teilstücken eine neue Pflanze. Im Frühjahr blühende Pflanzen können schon im Herbst oder direkt nach der Blüte geteilt werden. Die neu gepflanzten Teilstücke müssen aber während einer Trockenperiode ausreichend gegossen werden. Die Vermehrung von Pflanzen mit dicken, fleischigen Wurzeln ist schwieriger, besonders dann, wenn die Wurzeln brüchig sind. Stauden mit Rhizomen müssen sehr behutsam geteilt werden. Die Pflanze wird vorsichtig auseinander gezogen, um die Gefahr von Wurzelquetschungen oder -brüchen zu verringern. Hilfreich ist es, zunächst die Erde vom Wurzelstock zu entfernen. Dann sieht man, wie die Wurzeln zusammenhängen und kann die Rhizome leichter auseinander ziehen.

Pflanzen mit einem Erdstamm aus dünnen, faserigen Wurzeln sind vergleichsweise einfach teil-

Stauden

Die folgenden Pflanzen werden zur angegebenen Zeit aufgenommen und geteilt.

Pflanze	Zeit
Achillea ssp. (Schafgarbe)	Frühjahr oder Herbst
Agapanthus ssp. (Schmucklilie)	Frühjahr o. Spätsommer
Alchemilla mollis (Frauenmantel)	Frühjahr
Anemone x *hybrida* (Japananemone)	Frühjahr oder Herbst
Artemisia ssp. (Wermut, Edelraute)	Frühjahr oder Herbst
Aster ssp.	Frühjahr
Astilbe ssp. (Prachtspiere)	Frühjahr
Cortaderia selloana (Pampasgras)	Spätfrühjahr
Delphinium-Hybriden (Rittersporn)	Frühjahr
Dicentra ssp. (Tränendes Herz)	Frühjahr
Echinops ritro (Kugeldistel)	Herbst oder Frühjahr
Erigeron ssp. (Feinstrahl)	Frühjahr
Eryngium ssp. (Mannstreu, Stranddistel)	zeitiges Frühjahr
Geranium ssp. (Storchschnabel)	Frühjahr oder Herbst
Helleborus-Hybriden (Nieswurz, Lenzrose)	Frühjahr o. Spätsommer
Hemerocallis-Hybriden (Taglilie)	Frühjahr oder Herbst
Hosta-Hybriden (Funkie, Herzlilie)	Frühjahr
Kniphofia-Hybriden (Fackellilie)	Spätfrühjahr
Ligularia ssp. (Kreuzkraut, Greiskraut)	Frühjahr
Monarda didyma (Indianernessel)	zeitig. Frühjahr o. Herbst
Nepeta ssp. (Katzenminze)	Frühjahr oder Herbst
Ophiopogon ssp.(Schlangenbart)	Frühjahr
Paeonia-Hybriden (Staudenpfingstrose)	zeitig. Frühjahr o. Herbst
Phlox ssp. (Flammenblume, Phlox)	Frühjahr oder Herbst
Rudbeckia ssp. (Sonnenhut)	Frühjahr oder Spätherbst
Sedum spectabile (Blumenfetthenne)	Frühjahr
Stachys byzantina (Wollziest)	Frühjahr
Tradescantia virginiana (Dreimasterblume)	Frühjahr oder Herbst

bar. Obwohl die Wurzeln recht zart und dünn aussehen, sind sie normalerweise erstaunlich robust.

Grundständige Stecklinge

Ungeachtet des Namens sind grundständige Stecklinge eine Art der Pflanzenteilung. Man nimmt sie früh im Jahr von kurzen, weichen Trieben, die aus dem Boden streben. Die Triebe trennt man mit einem scharfen Messer vorsichtig auf Bodenniveau (oder direkt darunter) von der Pflanze ab. Bei manchen Pflanzen wie etwa Chrysanthemen haben die grundständigen Stecklinge schon Wurzeln gebildet, während sie noch mit der Mutterpflanze verbunden sind. Zu den auf diese Weise vermehrten Pflanzen gehören *Aster* x *frikartii* ssp. und deren Hybriden sowie Rittersporn, Katzenminze (*Nepeta* ssp.) und *Stachys* ssp.

Grundständige Stecklinge werden im Frühjahr, sobald sich die Blätter entfalten, von jungen Trieben genommen. Man benutzt ein scharfes Messer, um den Trieb auf Bodenniveau oder direkt darunter abzutrennen.

Teilen von Pflanzen mit Faserwurzeln

Teilt man Pflanzen mit dünnen, faserartigen Wurzeln wie Astern sie haben, sollte man darauf achten, schnell zu arbeiten. Die feinen Wurzeln trocknen rasch aus und ganze Wurzelpartien können absterben. Die Chancen auf eine erfolgreiche Bewurzelung der neu gepflanzten Teilstücke verringern sich dadurch drastisch.

***1** Man beginnt damit, die Pflanze, die geteilt werden soll, mit einem Spaten oder einer Gabel aufzunehmen. Große Horste müssen vielleicht in mehreren Teilen aufgenommen werden. Bei schweren Böden spült man die Wurzeln mit einem Gartenschlauch ab, um möglichst viel Erde zu entfernen.*

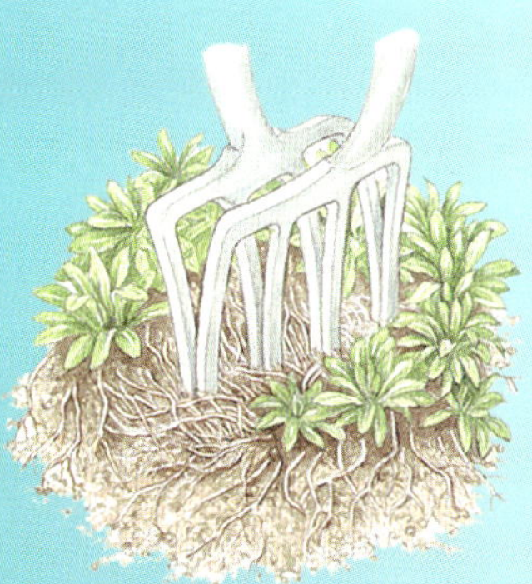

***2** Um gut eingewachsene Pflanzen mit einem dichten, stark verfilzten Wurzelballen zu teilen, kann man zwei Gabeln Rücken an Rücken in die Mitte des Wurzelballens stecken und sie auseinander ziehen, wodurch man zwei kleinere Teilstücke erhält.*

***3** Nur die kräftigsten Triebe hebt man auf. Alle alten oder verrotteten Teile der Pflanze werden weggeworfen, denn diese könnten Schädlinge und Krankheiten beherbergen. Die Teile der Pflanze, die man behalten will, setzt man mit den Wurzeln direkt unter der Bodenoberfläche wieder ein.*

Links: Viele Bartfaden-Arten breiten sich am Boden aus und bilden dabei Wurzeln. Diese oberirdischen Ausläufer können von der Mutterpflanze abgetrennt und umgepflanzt werden.

Rechts: Man kann die Ausbreitung von Bambus verhindern, indem man die Ausläufer ausgräbt und neu einpflanzt. Dadurch behält man die Pflanze unter Kontrolle.

HOLZIGE PFLANZEN UND HORST BILDENDE STRÄUCHER

Viele Sträucher, die mehrstämmig sind oder Ausläufer bilden, können durch Teilung vermehrt werden.

Manchmal wird nur ein kleiner Teil des Strauches von der Mutterpflanze abgenommen. Man kann ihn mit einem scharfen Spaten oder, im Fall von Schirmbambus *(Fargesia nitida)*, mit einer Axt vom Rest der Pflanze abspalten. Kleine, von der Mutterpflanze entfernte Wurzelteile können als Wurzelschnittlinge verwendet werden (siehe Seite 86 bis 87).

Werden Ausläufer von der Mutterpflanze abgetrennt, emp-

Mehrstämmige und Ausläufer treibende Sträucher

Pflanze	Zeit
Cornus stolonifera (Roter Hartriegel)	Frühwinter
Deutzia scabra (Deutzie)	Herbst
Fargesia nitida (Schirmbambus)	Frühjahr
Hypericum calycinum (Johanniskraut)	Frühjahr oder Herbst
Kerria japonica (Ranunkelstrauch)	Herbst
Leycesteria formosa (Leycesterie)	Herbst
Lonicera fragrantissima (Geißblatt)	Herbst
Penstemon ssp. (Bartfaden)	Frühjahr
Potentilla fruticosa (Fingerstrauch)	Frühjahr oder Herbst
Rubus thibetanicus	Herbst oder Frühjahr
Spiraea japonica (Spierstrauch)	Spätherbst/zeit. Frühjahr
Symphoricarpos orbiculatus (Korallenbeere)	Herbst

fiehlt es sich, vor dem Einpflanzen die obere Hälfte der Zweige zu entfernen. Dies verhindert, dass die junge Pflanze zu stark vom Wind bewegt wird, die Wurzeln an Bodenkontakt verlieren und schlechter anwachsen.

Ausläufer

Neue Sprosse, die sich unter- und oberirdisch ausbreiten und Wurzeln bilden, nennt man Ausläufer. Viele Pflanzen, die sich durch Teilung vermehren lassen, verbreiten sich auf natürliche Art und Weise, indem aus ihren knapp unterhalb der Erdoberfläche liegenden Wurzeln neue Triebe entstehen. Diese Wurzeln haben die Eigenschaft, sich unterirdisch so weit auszubreiten, dass Ausläufertriebe durchaus einige Meter von der Mutterpflanze entfernt auftauchen können.

Ein Ausläufer kann mit einem Spaten von der Hauptpflanze abgetrennt werden, bevor man ihn ausgräbt und am neuen Standort einpflanzt. Solange es schlafende Knospen besitzt, kann aus jedem im Boden gebliebenen Teilstück der abgetrennten Wurzel eine neue Pflanze entstehen. Dies kann dazu führen, dass an der Stelle, wo man den Ausläufer ausgegraben hat, viele weitere Ausläufer entstehen. Nicht immer ist dies jedoch erwünscht. Man sollte es sich also gut überlegen, bevor man sich für diese Vermehrungsmethode entschließt.

Ausbreitung

Die Teilung ist einerseits eine einfache und leichte Methode der Pflanzenvermehrung, kann aber auch der Kontrolle von sich rasch ausbreitenden Pflanzen wie etwa Bambus dienen. Das kann bedeuten, dass man entweder die gesamte Pflanze in regelmäßigen Abständen aufnimmt und teilt oder dass man um den Ansatz der Pflanze herum arbeitet und kleine Teilstücke abtrennt. Dadurch kontrolliert man nicht nur das Wachstum, sondern erhält außerdem auch noch neue Pflanzen.

Wurzelbeschädigungen

Sauber geschnittene Pflanzenwurzeln heilen in der Regel schnell und ohne fremde Hilfe, aber beschädigtes Wurzelgewebe heilt nur langsam und ist anfällig für Fäulnis. Man schneidet daher alle verletzten Wurzeln bis ins gesunde Gewebe zurück, bevor man sie wieder einpflanzt. Zur Vorbeugung kann man die Wurzeln etwas mit Schwefel einpudern, der als natürliches Fungizid wirkt und Wurzelfäule verhindert.

Links: Bartiris werden im Sommer unmittelbar nach der Blüte aufgenommen und geteilt.

RHIZOMPFLANZEN

Einige Stauden entwickeln beträchtliche rhizomartige Wurzeln. Auch diese Pflanzen werden durch Teilung vermehrt. Rhizome sind in Wirklichkeit waagerecht liegende, verdickte Sprosse, die sich knapp unterhalb der Bodenoberfläche ausbreiten. Aus ihren Spitzen sprießen neue Triebe; nach unten hin bilden sich Wurzeln. Manche Arten speichern in den Rhizomen Nährstoffe. Die meisten Irisarten, darunter die Bartiris, haben einen Wurzelstock aus Rhizomen. Eine Ausnahme sind die Zwiebeliris mit den Reticulata-, Xiphium- und Juno-Gruppen. Rhizomstauden werden in der Regel nach der Blüte geteilt, da das Rhizom in dieser Zeit neue Wurzeln bildet. Man kann das Rhizom nach dem Aufnehmen waschen, um die Erde zu entfernen und es anschließend in Teilstücke zerschneiden.

Wieder einpflanzen

Nachdem eine Pflanze geteilt wurde, ist es wichtig, die einzelnen Teilstücke wieder sorgfältig einzupflanzen. Werden sie zu flach gepflanzt, kann es sein, dass sie aufgrund von Wassermangel schlecht anwachsen oder gar eingehen. Weit mehr neu gepflanzte Stauden wachsen jedoch nicht, weil sie zu tief gesetzt wurden. Die Wurzeln beginnen zu faulen, weil sie zu viel Feuchtigkeit und zu wenig Sauerstoff erhalten.

Knollige Rhizome

Manche Pflanzen, wie etwa Spargel und Pfingstrosen, entwickeln Wurzeln, die in Horste zerteilt werden können. Beim Teilen des Wurzelstockes muss jedes Teilstück mindestens eine gut entwickelte Knospe aufweisen. Knollenförmige Rhizome sollten im Spätwinter oder zeitigen Frühjahr mit einem Gartenspaten oder einem stabilen Messer geteilt werden. Wurde ein Wurzelstock in mehrere Teile auseinander gebrochen, können diese sofort wieder eingepflanzt werden. Die kleineren Pflanzenstücke können in Töpfe gepflanzt und ein Jahr lang kultiviert werden, bevor man sie im Freien aussetzt. Man stäubt alle Schnittflächen mit einem Fungizid ein, um Fäulnis zu vermeiden.

Rhizompflanzen

Pflanze	Zeit
Anemone altaica, *A. eranthoides*	Frühjahr
Begonia rex und *B. rex*-Hybriden	Sommer
Bergenia cordifolia (Bergenie)	Frühjahr oder Herbst
Canna-Hybriden (Indisches Blumenrohr)	Frühsommer
Convallaria majalis (Maiglöckchen)	zeitiges Frühjahr
Iris ssp. (Schwertlilie; einige)	Sommer
Mentha ssp. (Minze)	Vegetationsperiode
Ophiopogon planiscapus (Schlangenbart)	zeitiges Frühjahr
Polygonatum biflorum (Salomonssiegel)	zeitiges Frühjahr
Smilacina racemosa (Schattenblume)	Frühjahr
Zantedeschia aethiopica (Scheinkalla)	Frühjahr

Teilen von Rhizomstauden

Pflanzen mit rhizomartigen Wurzeln wie etwa die Bartiris (Iris germanica) *werden am besten im Sommer geteilt, direkt nach Beendigung der Blüte.*

1 *Die Rhizome werden mit einer Gabel aufgenommen. Man wäscht möglichst viel Erde ab, bevor man den Horst so auseinander zieht, dass man möglichst viele Teilstücke erhält. Jedes Teilstück muss einen Blattfächer und ein Rhizomstück haben.*

2 *Pflanzenteile mit welken Blütenstängeln werden entsorgt. Man benutzt ein scharfes Messer, um das Rhizom in 5–10 cm lange Teile zu zerschneiden, wobei sich an einem Ende der Rhizomabschnitte ein Büschel Blätter befinden sollte. Alle Faserwurzeln kürzt man um etwa die Hälfte ein.*

3 *Nun entfernt man bei jedem Rhizomteilstück die welken Blätter. Die gesunden Blätter schneidet man auf 15 cm Länge zurück. Dies verringert den Feuchtigkeitsverlust und verhindert, dass die Pflanzen zu stark vom Wind bewegt werden.*

4 *Schließlich pflanzt man die einzelnen Teilstücke wieder ein. Dabei sollte darauf geachtet werden, dass alle Faserwurzeln bedeckt sind sowie die obere Hälfte des Rhizoms sichtbar bleibt. Man gießt gründlich an, damit sich die Erde um die Wurzeln schließt.*

Links: Die Ausläufer von Erdbeeren sind waagerecht liegende Sprosse, die sich über den Boden ausbreiten und neue Pflanzen bilden.

KINDEL, AUSLÄUFER UND BRUTPFLANZEN

Es gibt zahlreiche Möglichkeiten, wie sich Pflanzen auf natürliche Art und Weise vermehren können. In der Natur besteht der Nachteil, dass die Mutterpflanzen mit den jungen Pflanzen um Nährstoffe konkurrieren müssen. Dieses Problem gibt es im Garten, wo man die Pflanzen regelmäßig düngen kann, nicht. Hier besteht die Schwierigkeit darin, die Pflanzen auf die vorbestimmten Flächen zu begrenzen. Regelmäßiges Teilen der Pflanzen hilft dabei, ihre Ausbreitung unter Kontrolle zu halten. Diejenigen Pflanzen, die übrig sind, können an anderen Stellen des Gartens gepflanzt werden.

Kindel

Kindel sind Nebentriebe, die sich am Fuß der Mutterpflanze bilden. Normalerweise treten Kindel bei Pflanzen auf, die eine grundständige Blattrosette wie bei Keulen- oder Palmlilien statt einen einzelnen holzigen Stamm besitzen. Sobald die Kindel groß genug sind, können sie abgetrennt und zur weiteren Aufzucht eingetopft werden. Würde man sie an Ort und Stelle lassen, könnten sie irgendwann die Mutterpflanze überwuchern.

Einige Steingartenpflanzen bilden Kindel, um sich so auf natürliche Weise zu vermehren. Die Rosette von Pflanzen wie Steinbrech und Dachwurz *(Sempervivum)* stirbt nach der Blüte ab. Die Pflanze kann sich geschlechtlich fortpflanzen, das heißt durch Samenaussaat. Neben der generativen Vermehrung kann sie sich auch vegetativ durch Ausläufer vermehren. Diese können sich, abhängig von der jeweiligen Art, unter- oder oberhalb der Erdoberfläche ausbreiten.

An der Spitze der Ausläufer bilden sich neue Rosetten. Diese können von der Mutterpflanze getrennt und umgepflanzt werden, damit sie sich zu neuen Pflanzen entwickeln. Dabei sollten die waagerechten, liegenden Sprosse erhalten und auf eine Länge von 2–3 cm zurückgeschnitten werden. Dieses Stück

Rosetten bildende Pflanzen

Bei manchen Rosetten bildenden Pflanzen, etwa Steinbrech- und Dachwurzarten, können sich abgestorbene Blätter am Grund der Rosette sammeln. Diese Blätter müssen bei einer Vermehrung der Pflanzen entfernt werden. Wenn man sie dran lässt, könnten sie trocknen und sich kräuseln, wobei sie die Rosette vom Boden anheben. Dadurch könnte die gesamte Rosette vertrocknen und absterben.

Ausläufer von Erdbeeren können in substratgefüllten Töpfchen oder direkt am Boden festgehakt werden. Man kann sie von der Mutterpflanze trennen, nachdem sie sich gut bewurzelt haben.

Pflanzen, die Kindel erzeugen

Die folgenden Pflanzen erzeugen Kindel, die, sobald sie sich bewurzelt haben, einzeln eingetopft werden – am besten im Frühjahr.

- Agave *ssp.*
- Ananas *ssp.*
- Cordyline *ssp. (Keulenlilie)*
- Echeveria *ssp.*
- Phormium *ssp. (Neuseeländer Flachs)*
- Saxifraga *ssp. (Steinbrech)*
- Sempervivum *ssp. (Dachwurz)*
- Yucca *ssp. (Palmlilie)*

dient der neuen Rosette als Anker und bildet oft Wurzeln, die das Pflanzenwachstum unterstützen.

Ausläufer

Manche Pflanzen bilden Sprossen, die sich ausbreiten und zumeist neue Pflanzen bilden. Eine der Pflanzen, die Ausläufer bildet, ist die Erdbeere (*Fragaria* ssp.). Ihre Ausläufer können in einer Saison zwei Meter und mehr wachsen.

Ausläufer breiten sich an der Erdoberfläche aus und werden in der Regel von den sich am Ausläufer bildenden Trieben herabgedrückt. Dort, wo die Triebe den Erdboden berühren, bilden sie Wurzeln aus, die der Pflanze Halt geben. Schließlich welkt der Ausläufer, der die einzelnen Triebe miteinander verbindet. Man kann den Vorgang der Wurzelbildung beschleunigen, indem man einfach die Triebe mit verzinktem Draht festhakt.

Wenn man einen Erdbeerausläufer gleich nach der ersten bewurzelten Tochterpflanze kappt, bilden sich weniger, dafür aber kräftigere Jungpflanzen. Diese tragen in ihrem ersten Jahr meistens reichlich Früchte.

Brutpflanzen

Manche Pflanzen können Brutknospen (Bulbillen) an Blättern, Wedeln aber auch an Stängeln oder Wurzeln bilden. Sukkulente Pflanzen wie manche *Sedum*-Arten und das Brutblatt *(Kalanchoe daigremontiana)* lassen diese Bulbillen von den Blättern fallen. Viele von ihnen bilden nach der Verbindung mit entsprechendem Boden oder Substrat Wurzeln. Andere Pflanzen wie *Asplenium bulbiferum* und Henne mit Küken *(Tolmiea menziesii)* können einfach dadurch vermehrt werden, dass man ein Blatt von der Mutterpflanze abschneidet und es in eine mit Substrat gefüllte Schale legt und dort befestigt. Auf der Blattoberseite werden Brutpflanzen sprießen und an der Blattunterseite bilden sich Wurzeln.

Manche Farne, darunter *Asplenium bulbiferum*, können dadurch vermehrt werden, dass man einen Wedel von der Mutterpflanze nimmt und ihn in eine mit Substrat gefüllte Schale legt und dort befestigt. Auf dem Wedel entwickeln sich Brutpflanzen, die, wenn sie 5 cm hoch sind, abgenommen und eingetopft werden können.

6 STECKLINGE

Ein Steckling ist ein krautartiger Trieb, der von der Mutterpflanze entfernt wurde. Er wird in Substrat gesteckt, um sich zu bewurzeln. Der Steckling ist sehr empfindlich und recht anfällig. Daher sollte der Gärtner darauf achten, ideale Bedingungen für eine erfolgreiche und schnelle Bewurzelung zu schaffen. Die neue Pflanze wird die selben Eigenschaften aufweisen wie ihre Mutterpflanze. Hin und wieder können kleine Abweichungen auftreten, aus denen sich oft neue Arten und Sorten entwickeln.

Links: *Forsythia* lässt sich relativ einfach aus jeder Art von verholzten Stecklingen vermehren, was wohl ihre Beliebtheit erklärt.

Rechts: *Buddleja* 'Dartmoor' wird sehr einfach durch verholzte Stecklinge in Bleistiftgröße vermehrt.

Der Preis einer Pflanze im Gartencenter spiegelt oft den Schwierigkeitsgrad bei der Vermehrung wider. Je teurer die Pflanze, desto schwieriger ist sie zu züchten oder desto langsamer wächst sie. Wenn Sie gerade die ersten Erfahrungen mit der Vermehrung von Pflanzen sammeln, sollten Sie ihr Glück nicht gleich mit diesen hochpreisigen Pflanzen versuchen. Wobei natürlich eine geglückte Bewurzelung dieser Pflanzen das Herz des Züchters ganz besonders hoch schlagen lässt.

Möchte man von einer Pflanze Stecklinge nehmen, so sucht man diese zunächst nach Blüten- und Wachstumstrieben ab. Blütentriebe weisen entweder Blüten oder Knospen an der Spitze oder direkt am Stängel der Pflanze auf. Die Wachstumstriebe haben im Gegensatz zu den Blütentrieben kleinere und dünnere Knospen. Es ist wichtig, zwischen diesen zwei Arten von Trieben zu unterscheiden: Ein Blütentrieb soll vor allem Blüten und schließlich Samen produzieren; ein Wachstumstrieb hingegen zielt auf Wachstum ab und bewurzelt daher rascher.

Wenn man einen Wachstumstrieb ausfindig gemacht hat, sollte man sich ihn sehr genau anschauen. Abgesehen von den kleinen Blättern, welche die Knospen umgeben, sind die Blätter entlang des Stängels entweder einzeln oder paarweise angeordnet. Dort, wo sie auf den Stamm treffen, findet man eine leichte Schwellung, die man als Nodium (Knoten) bezeichnet. Die zur Wurzelbildung der Pflanzen benötigten Substanzen (Wachstumshormone) konzentrieren sich in ganz bestimmten Teilen der Pflanze. Die höchste Konzentration findet man in den Triebspitzen, weniger hoch, aber trotzdem ausreichend ist die Konzentration der Wachstumshormone in den Nodien (Knoten). Daher schneidet man den Steckling direkt unterhalb eines solchen Blattknotens ab und stellt somit sicher, dass diesem viele Wachstumshormone für eine erfolgreiche Bewurzelung zur Verfügung stehen.

STECKLINGE ABNEHMEN

Es gibt verschiedene Arten von Stecklingen, die von jeweils anderen Teilen der Mutterpflanze genommen werden, unter anderem von Blättern, Trieben und Wurzeln. Zu den von den Trieben genommenen Stecklingen zählen die Kopfstecklinge, die unterhalb der Spitze eines Haupt- oder Seitentriebes der Pflanze abgenommen werden und drei oder vier Knoten haben, Triebstecklinge ohne Wachstumsspitze, die zwischen zwei Blattknoten genommen werden und Blattstecklinge, die aus einem Einzelblatt und einem Knoten bestehen. Um Wurzelstecklinge zu gewinnen, zerschneidet man bleistiftdicke Wurzeln der Mutterpflanze in kleine Teile.

Der richtige Zeitpunkt

Zu welchem Zeitpunkt des Jahres die Stecklinge genommen werden, hängt vom Wachstum und Reifezustand der Mutterpflanze ab. Wurzelstecklinge etwa nimmt man im Winter, wenn sich die Pflanze in ihrer Ruheperiode befindet und eine derartige Störung gut verkraftet. Weiche Kopfstecklinge nimmt man in der Regel im Frühsommer, wenn sich die Spitze bereits voll entwickelt hat, aber noch nicht verholzt ist. Halbverholzte Stecklinge widerum nimmt man im Spätsommer. Sie sind entweder Kopfstecklinge oder Sprossteile, mit braunem Gewebe an der Basis, das anfängt, hart und holzig zu werden. Verholzte Stecklinge hingegen nimmt man von den kahlen Zweigen laubwerfender Sträucher – entweder im Spätherbst oder Frühwinter. Sie bewurzeln sich langsam während des Winters und im Laufe des Frühjahrs. Zimmerpflanzen können genauso wie Gartenpflanzen auf vielerlei Arten vermehrt werden. Für eine erfolgreiche Vermehrung spielt hier die Jahreszeit eine untergeordnete Rolle. Manche Zimmerpflanzen können durch Teilung vermehrt werden, andere bilden Ausläufer, aber viele von ihnen,

Gut wurzelnde Stecklinge

Folgende Pflanzen können besonders einfach durch Stecklinge vermehrt werden:

- Chrysanthemum-*Hybriden*
- Delphinium-*Hybriden (Rittersporn)*
- Forsythia *(Goldglöckchen)*
- Fuchsia-*Hybriden*
- Pelargonium-*Hybriden*
- Ribes *ssp. (Johannisbeeren)*
- Rosa rugosa *(Kartoffelrose)*
- Tradescantia *ssp. (Dreimasterblume)*
- Weigela *ssp. (Weigelie)*

Links: Zieht man Jungpflanzen in Presstorf-Töpfchen, erleichtert es das Auspflanzen. Die Töpfe können mitsamt der Pflanze gesetzt werden.

Rechts: Fuchsien bewurzeln sich sehr leicht und rasch. Sie bilden sogar in einem Glas mit Leitungswasser Wurzeln.

wie zum Beispiel manche Begonien, können auch aus Stecklingen gezogen werden.

Bei Begonien wird von der Mutterpflanze ein Blatt abgeschnitten und daraus mehrere neue Pflanzen herangezogen.

Material auswählen

Nachdem man die Pflanzen, von denen man Stecklinge nehmen möchte, ausgewählt hat, schaut man sich die infrage kommenden Triebe genauer an. Solange einem eine ausreichende Materialmenge zur Verfügung steht, sollte man wählerisch sein. Halten Sie nach kräftigen Stängeln und festen Blättern Ausschau und achten Sie darauf, dass diese keine Spuren von Schädlingen oder Krankheiten aufweisen. Benutzen Sie kein Pflanzenmaterial, das von Pilzerkrankungen oder Fäulnis infiziert ist. Diese könnten sich innerhalb kürzester Zeit auf die gesamte Kultur übertragen. Genauso sollten Sie keine Blätter mit Fraßspuren verwenden, denn die Schädlinge könnten Eier hinterlassen haben.

Blütentriebe sollten nicht als Stecklinge gewählt werden, da bei ihnen das Verhältnis der Hormone so abgestimmt ist, dass sie eher Blüten und Früchte statt Wurzeln entwickeln (siehe Seite 70 bis 71). Überprüfen Sie deshalb, ob sich an dem Trieb, den Sie als Steckling möchten, irgendwelche Blütenknospen entwickeln.

Material sammeln

Beim Abnehmen von Stecklingen werden von der Mutterpflanze Pflanzenteile entfernt. Daran sollte man stets denken und möglichst nicht so viel Material nehmen, dass die Mutterpflanze am Blühen gehindert oder entstellt würde. Außerdem sollte auch auf der Rückseite der Pflanze nach geeigneten Trieben gesucht werden. Die beste Zeit, um Stecklinge abzunehmen, ist morgens, wenn der Tag noch kühl ist. Wenn die Pflanzenzellen noch prall von der nächtlichen Feuchtigkeit sind, überstehen sie die wurzellose Zeit besser. Im Idealfall sollten Stecklinge gleich nach dem Abnehmen in Substrat gesteckt werden. Wenn dies nicht möglich ist, legt man das Pflanzenmaterial in eine Plastiktüte, füllt ein wenig Wasser dazu und verschließt diese locker. Sie wird an einen kühlen, schattigen Platz gelagert.

Stecklingsarten

Stecklinge werden nach dem Teil der Mutterpflanze bezeichnet, von dem sie stammen. Folgende vier Arten gibt es:

- *Kopfstecklinge, die aus Triebenden bestehen.*
- *Triebstecklinge, die aus dem Mittelstück eines Triebes bestehen.*
- *Blattstecklinge, wozu Blattknospen, Blattstängel und ganze Blätter gehören.*
- *Wurzelstecklinge.*

Links: Große Stecklinge von *Pyracantha* bilden bereits ein Jahr nach dem Bewurzeln Blüten und tragen Früchte.

Rechts: *Impatiens* bewurzeln sich sehr rasch, wenn man ihnen reichlich Wasser gibt.

STECKLINGE BEWURZELN

Solange der Steckling keine eigenen Wurzeln entwickelt hat, kann er sich nicht die benötigten Nährstoffe aus dem Substrat ziehen. In dieser Zeit muss der Züchter dafür sorgen, dass der Steckling alle Nährstoffe erhält, die er zum Wachsen und Gedeihen braucht. Sobald der Steckling die ersten eigenen Wurzeln gebildet hat, kann er sich selbst mit Nährstoffen und Feuchtigkeit versorgen.

Die Vorbereitung

Stecklinge nimmt man nur, wenn man sie gleich wieder einsetzen kann. Werden die Stecklinge zu lange an der Luft gelagert, trocknet die Schnittstelle aus. Noch bevor man die Triebe abschneidet, füllt man die Töpfe mit Substrat und drückt es leicht an. Dann nimmt man einen Schwung Stecklinge ab und setzt ihn im Substrat ein.

Längere Stecklinge

*Einige Pflanzen bewurzeln sich sehr rasch. Von ihnen kann man längere Stecklinge nehmen. Feuerdorn (*Pyracantha *ssp.) wächst zum Beispiel aus Stecklingen bis zu 45 cm Länge. Es werden dann weniger Jungpflanzen gezogen, diese sind aber dafür größer.*

Wie lang ein Steckling sein soll, hängt sehr von der Zeitspanne ab, die dieser ohne Nährstoffzufuhr überdauern kann. Bei einem holzigen Steckling kann diese Periode länger sein als bei einem weichen, saftigen Trieb, der schnell welkt. Ein guter Durchschnitt für die Länge von Stecklingen ist 8 cm. Bei manchen Pflanzen wie *Forsythia* können sich bis zu 1 m lange Stecklinge bewurzeln.

Man setzt den Schnitt an einer geeigneten Stelle des Stängels an. Hierfür benutzt man entweder ein scharfes, sauberes Messer oder eine Gartenschere. Die unteren Blätter des Stecklings, die mit dem Substrat in Kontakt kämen, streift man ab, denn sie würden rasch zu faulen beginnen und sowohl den Steckling als auch seine Nachbarn anstecken.

Einsetzen der Stecklinge

Man füllt einen Topf oder eine Saatschale für die Stecklinge mit Aussaat- oder Stecklingserde, klopft das Gefäß auf den Boden, um Lufteinschlüsse zu vermeiden und nivelliert die Substratoberfläche. Das Substrat drückt man leicht an, presst es aber nicht fest, da die Wurzeln es sonst schwer durchdringen können. Man bereitet einen Schwung der gleichen Stecklingsart vor und steckt sie zusammen in das Substrat. Die Abstände in einer Schale legt man fest, indem man die Stecklinge erst entlang der einen Seite setzt und dann entlang der anderen. Dabei orientiert man sich am Außenrand des Topfes. Beim Setzen sollte darauf geachtet werden, dass die untersten Blätter keinen Bodenkontakt haben. Dann drückt man die Stecklinge vorsichtig mit den Fingern an.

Nachsorge

Nachdem die Stecklinge in das Substrat eingesetzt wurden, werden sie an einen warmen, feuchten Ort gestellt. Zusätzliche Luftfeuchtigkeit verringert den Wasserverlust aus ihren Zellen und vermeidet ein Welken.

Wenn man einen Anzuchtkasten besitzt, werden die Töpfe oder Schalen in diesen hineingestellt und so die Feuchtigkeit und Temperatur reguliert. Alternativ kann eine Plastiktüte verwendet werden: Die Schale mit den Stecklingen wird in eine große Tüte gestellt und verschlossen. Für einzelne Töpfe kann eine kleine Tüte benutzt werden. Entweder man stellt den Topf in die Tüte hinein oder man stülpt die Tüte über den Topf und fixiert sie mit einem Gummiband. Das Plastik darf die Blätter der Stecklinge nicht berühren. Deshalb wird die Plastiktüte mit Stäbchen oder Bögen gestützt.

Die Stecklinge werden regelmäßig auf Pilzbefall kontrolliert. Kranke Stecklinge entfernt und vernichtet man.

Anritzen

Man kann einen 1 cm langen, flachen Schnitt oder einen Ritz am Fuß des Stecklings anbringen und dadurch an dieser Stelle die Bewurzelung anregen.

Rasche Bewurzelung

Manche Pflanzen bewurzeln sich auch ganz ohne Substrat. Die Stecklinge vieler Kräuter, darunter Minze und auch Fuchsien sowie einige Fleißige Lieschen (Impatiens)-Arten kann man einfach in ein Glas Leitungswasser stellen. Bereits nach kurzer Zeit werden die Kopfstecklinge Wurzeln gebildet haben. Wenn diese 3–5 cm lang sind, kann man die Jungpflanzen einpflanzen.

Links: Im Sommer als weiche Stecklinge genommene, blütenlose Triebe von *Hydrangea macrophylla* bewurzeln sich leicht.

KOPFSTECKLINGE

Wurden für das Abnehmen der Stecklinge alle notwendigen Vorkehrungen getroffen und das Material gesammelt (siehe Seite 72 bis 73), sollten die Kopfstecklinge möglichst bald in das Substrat eingesetzt und in eine Umgebung gebracht werden, wo die Luftfeuchtigkeit zu regulieren ist. Beim Setzen der Stecklinge wird darauf geachtet, dass keine Lufttaschen entstehen. Daher ist es besser, den Steckling in leicht angedrücktes Substrat zu stecken, als mit einem Pflanzholz oder Bleistift ein Loch ins Substrat zu bohren und ihn dort hineinzustecken. Die Gefahr, dass sich eine Lufttasche um den Fuß des Stecklings bildet und dieser dadurch austrocknet, wird somit verringert.

Lange Stecklinge

Wenn Kopfstecklinge zu lang sind, sollten sie immer vom Fuß aufwärts gekürzt werden. Niemals sollten die Triebspitzen entfernt werden, in denen die höchste Konzentration an Pflanzenhormonen vorzufinden ist.

Grünstecklinge

Ein Grünsteckling besteht aus einem jungen Trieb, den man Mitte bis Ende des Frühjahrs von der Mutterpflanze abnimmt. Seine Länge hängt davon ab, wo seine Blätter ansetzen; er sollte

Grünstecklinge

Pflanze	Zeit	Pflanzentyp
Abelia ssp.	Sommer	laubwerfender oder immergr. Strauch
Aphelandra ssp. (Glanzkölbchen)	Sommer oder Herbst	Zimmerpflanze (immergrüner Strauch)
Begonia	Frühjahr oder Sommer	Zimmerpflanze (alle Arten)
Callicarpa ssp. (Liebesperlenstrauch)	Frühjahr	laubwerfender oder immergr. Strauch
Campanula isophylla (Glocklenblume)	zeitiges Frühjahr	Zimmerpflanze (krautige Mehrjährige)
Chaenomeles ssp. (Zierquitte)	Sommer	laubwerfender Strauch
Clematis ssp.	Frühjahr	laubwerfende Kletterpflanze
Codiaeum ssp. (Kroton)	Frühjahr bis Sommer	Zimmerpflanze (immergrüner Strauch)
Crassula ssp. (Geldbaum)	Frühjahr bis Sommer	Zimmerpflanze (immergrüner Strauch)
Dieffenbachia ssp. (Dieffenbachie)	Frühjahr bis Sommer	Zimmerpflanze (immergr. Mehrjährige)
Ficus ssp. (Gummibaum)	Frühjahr bis Sommer	Zimmerpflanze (immergrüner Strauch)
Forsythia (Goldglöckchen)	Spätfrühjahr	laubwerfender Strauch
Hoya carnosa (Wachsblume)	Spätsommer	Zimmerpfl. (immergr. Kletterpflanze)
Hydrangea ssp. (Hortensie)	Sommer	laubwerfender Strauch
Hypericum ssp. (Johanniskraut)	Sommer	laubwerfender oder immergr. Strauch
Impatiens ssp. (Balsamine)	Frühjahr bis Frühsommer	Zimmerpflanze (krautige Mehrjährige)
Justicia brandegeeana	Spätfrühjahr	Zimmerpflanze (immergrüner Strauch)
Kalanchoe ssp. (Flammendes Käthchen)	Frühjahr oder Sommer	Zimmerpflanze (krautige Mehrjährige)
Monstera deliciosa (Fensterblatt)	Sommer	Zimmerpfl. (immergr. Kletterpflanze)
Peperomia ssp. (Zwergpfeffer)	Frühjahr bis Sommer	Zimmerpflanze (immergr. Mehrjährige)
Saintpaulia-Hybr. (Usambaraveilchen)	Frühjahr bis Sommer	Zimmerpflanze (immergr. Mehrjährige)
Stephanotis floribunda (Kranzschlinge)	Frühsommer	Zimmerpfl. (immergr. Kletterpflanze)
Tradescantia fluminensis (Tradeskantie)	Frühjahr bis Sommer	Zimmerpflanze (immergr. Mehrjährige)

Kopfstecklinge

Kopfstecklinge schneidet man früh am Tag, wenn die Triebe noch mit Wasser vollgesogen sind.

1 Kopfstecklinge nimmt man in der Regel vom jüngsten, saftigsten Wachstum am Ende der Blütezeit. Man wählt stets einen Trieb mit kräftiger Spitze und schneidet ihn etwa 10–13 cm unterhalb der Spitze eines Haupt- oder Seitentriebes der Pflanze ab. Der Schnitt sollte knapp unterhalb eines Knotens (Blattachsel) schräg durchgeführt werden.

2 Jeder Steckling wird mit einem scharfen Messer auf 8–10 cm direkt unterhalb einer Blattachsel zurückgeschnitten. Im unteren Drittel entfernt man alle Blätter, da diese sonst im Substrat vergraben würden und faulen könnten.

ca. 8–10 cm lang sein. Der Schnitt wird direkt unterhalb einer Blattachsel (Knoten) angesetzt. Die Blätter im unteren Drittel werden durch vorsichtiges Abstreifen oder Abschneiden entfernt, denn sie würden im feuchten Substrat faulen. Möchte man ein Hormonpräparat zur Bewurzelung (siehe Seite 32 bis 33) verwenden, dann pudert man jetzt die Schnittfläche damit ein. Nicht alle Pflanzen benötigen für eine erfolgreiche Bewurzelung Hormonpräparate. Besonders bei Grünstecklingen kann die Bewurzelung sehr rasch und ohne Probleme stattfinden.

Halbreife Stecklinge

Halbreife Stecklinge werden im Spätsommer von neuen, diesjährigen Trieben genommen, und zwar immer von solchen, die nicht blühen. Die normale Länge beträgt genau wie beim Grünsteckling etwa 8–10 cm, wobei das holzige Ende ca. 1 cm lang sein sollte. Man schneidet sie knapp unter einem Blütenansatz ab und entfernt die unteren Blätter. Tauchen Sie den Steckling mit der Schnittfläche in Bewurzelungshormon (siehe Seite 32 bis 33), und setzen Sie ihn in Stecklingserde.

Stecklinge mit Ansatz

Manche Pflanzen erzeugen kurze Seitentriebe, die sich gut als Stecklinge eignen. Abhängig vom Wachstumsstadium der Pflanze

Viele Stecklinge können auf eine ganz einfache Art und Weise gewonnen werden: Man reißt vorsichtig die Seitentriebe vom Stamm der Mutterpflanze ab, wobei ein Stück Borke am Seitentrieb bleibt. Dieses Pflanzenteil wird sich schneller bewurzeln, als wenn man den Steckling mit einem Messer abgeschnitten hätte.

Halbreife Stecklinge

Dies ist eine einfache Methode, die sich bei einem breiten Spektrum beliebter Pflanzen, wie die meisten Koniferen und viele breitblättrige Immergrüne, anwenden lässt. Bei halbreifen Stecklingen befindet sich der holzige Teil des Stecklings an dessen Fuß – dort, wo die Borke begonnen hat, sich von grün zu hellbraun zu verfärben.

***1** Man nimmt 13–15 cm lange Triebe (die genaue Länge hängt davon ab, wo sich die Borke verfärbt) von den Zweigen der Mutterpflanze ab. Der Fuß des Stecklings wird bis genau unterhalb einer Blattachsel oder eines Knotens zurückgeschnitten. Danach werden die Blätter im unteren Drittel des Stecklings abgestreift.*

***2** Die Wahrscheinlichkeit der erfolgreichen Bewurzelung wird erhöht, wenn man am Fuß des Stecklings einen kleinen, 2,5 cm langen Streifen Borke abschneidet. Jeder Stecklingsfuß wird bei Bedarf in ein Bewurzelungshormon getaucht.*

***3** Alle Stecklinge werden in einen Topf mit Anzuchterde gesteckt. Sie werden entlang des Topfrandes so angeordnet, dass die Blätter einander nicht berühren. Man gießt die Stecklinge gründlich und stülpt eine Plastiktüte über den Topf, damit weniger Wasser verdunsten kann.*

Halbreife Stecklinge

Pflanze	Zeit	Pflanzentyp
Actinidia ssp. (Strahlengriffel)	Spätsommer	laubwerfende Kletterpfl.
Aucuba japonica (Aukube)	Sommer	immergrüner Strauch
Azara ssp.	Hoch- bis Spätsommer	immergrüner Strauch
Berberis ssp. (Berberitze)	Sommer	immergr. oder laubw. Str.
Brachyglottis ssp.	Sommer	immergrüner Strauch
Buxus ssp. (Buchsbaum)	Sommer	immergrüner Strauch
Camellia ssp. und Hybriden (Kamelien)	Spätsommer bis Spätwinter	immergrüner Strauch
Ceanothus ssp. und Hybriden (Säckelblume)	Hoch- bis Spätsommer	immergrüner Strauch
Chamaecyparis ssp. (Scheinzypresse)	Spätsommer	immergrüne Konifere
Choisya ssp. (Orangenblume)	Sommer	immergrüner Strauch
Cistus ssp. (Zistrose)	Sommer	immergrüner Strauch
Cupressocyparis ssp.(Baumzypresse)	Spätsommer	immergrüne Konifere
Cupressus ssp. (Echte Zypresse)	Spätsommer	immergrüne Konifere
Cytisus ssp. (Edelginster)	Spätsommer	immergr. oder laubw. Str.
Elaeagnus ssp. (Ölweide)	Sommer	immergrüner Strauch
Escallonia-Hybriden (Escallonie)	Spätsommer	immergrüner Strauch
Euonymus ssp. (Pfaffenhütchen, Spindelstrauch)	Sommer	immergrüner Strauch
Fatsia japonica (Zimmeraralie)	Frühsommer	immergrüner Strauch
Forsythia ssp. (Goldglöckchen)	Spätsommer	laubwerfender Strauch
Garrya elliptica (Becherkätzchen)	Sommer	immergrüner Strauch
Hebe ssp. (Strauchveronika)	Spätsommer bis Frühherbst	immergrüner Strauch
Hedera ssp. (Efeu)	Sommer	immergrüne Kletterpflanze
Ilex ssp. (Stechpalme)	Spätsommer bis Frühherbst	immergr. Baum oder Str.
Itea ilicifolia	Hoch- bis Spätsommer	immergrüner Strauch
Itea virginica	Spätsommer	laubwerfender Strauch
Kerria japonica (Ranunkelstrauch)	Früh- bis Hochsommer	laubwerfender Strauch
Mahonia ssp. (Mahonie)	Hoch- bis Spätsommer	immergrüner Strauch
Olearia ssp.	Sommer	immergrüner Strauch
Osmanthus ssp. (Duftblüte)	Sommer	immergrüner Strauch
Phlomis ssp. (Brandkraut)	Sommer	immergrüner Strauch
Pittosporum ssp. (Klebsame)	Sommer	immergrüner Strauch
Potentilla fruticosa-Hybriden (Fingerstrauch)	Spätsommer	laubwerfender Strauch
Prunus laurocerasus (Kirschlorbeer)	Hochsommer	immergrüner Strauch
Pyracantha ssp. (Feuerdorn)	Hoch- bis Spätsommer	immergrüner Strauch
Rhododendron ssp.	Spätsommer	immergrüner Strauch
Solanum ssp. (Nachtschatten)	Sommer oder Frühherbst	immergr. Str. o. Kletterpfl.
Spiraea ssp. (Spierstrauch)	Sommer	laubwerfender Strauch
Taxus ssp. (Eibe)	Spätsommer bis Frühherbst	immergrüne Konifere
Thuja spp. (Lebensbaum)	Spätsommer	immergrüne Konifere
Wisteria ssp. (Glyzine)	Spätsommer	laubwerfende Kletterpfl.

haben sie entweder schon braunes, holziges Gewebe am Fuß gebildet oder noch nicht. Man reißt diese Triebe vorsichtig vom Hauptstamm, sodass eine »Ferse« oder »Zunge« (ein winziges Borkenstück) daran bleibt. Die Blätter im unteren Drittel werden entfernt. Die »Ferse« beziehungsweise »Zunge« wird so eingekürzt, dass keine langen Fasern dran bleiben. Dann taucht man den Stecklingsfuß in ein Bewurzelungshormon.

Links: Strauch- und Wildrosenarten wie diese *Rosa gallica* 'Versicolor' wachsen aus Stammstecklingen und bilden einen ausladenden, überhängenden Strauch.

Unten links: *Weigela florida* 'Foliis Purpureis' wächst aus Stammstecklingen und kann ganzjährig vermehrt werden.

STAMMSTECKLINGE

Dies ist die einfachste und beliebteste Vermehrungsmethode. Stammstecklinge müssen genauso wie Kopfstecklinge nach dem Schnitt zunächst so rasch wie möglich in Substrat gesetzt werden. Ansonsten kann es passieren, dass die Schnittstelle austrocknet und der Steckling eingeht. Ein radikaler Rückschnitt regt die Mutterpflanze dazu an, rasch wachsende Triebe zu bilden, die sich bestens als Stammstecklinge eignen.

Verholzte Stecklinge

Verholzte Stecklinge werden im Herbst von neuen, einjährigen Trieben abgenommen. Die Stecklinge sollten die Dicke eines Bleistiftes haben. Zur besseren Bewurzelung taucht man den Fuß jedes Stecklings in ein Hormonpräparat. Dann steckt man ihn zu zwei Drittel in das Substrat. Stecklinge für Bäume können ganz im Boden vergraben werden, sodass nur noch die oberste Knospe sichtbar ist.

In schweren Lehmböden sollten die Stecklinge zur besseren Dränage in einer Mischung aus Erde und scharfem Sand gesetzt werden.

Wenn man die Erde mit schwarzer Plastikfolie bedeckt, Löcher in die Folie macht und die Stecklinge durch diese hindurch in die Erde steckt, spart man sich viel Zeit für Gießen und Unkraut jäten. Das Plastik hält das Licht ab, sodass Unkrautsamen nicht keimen und der Wasserverlust

Verholzte Stecklinge

Pflanze	Zeit	Pflanzentyp
Buddleja davidii (Sommerflieder)	Herbst	laubwerfender Strauch
Cornus ssp. (Hartriegel)	Herbst	laubwerfender Strauch
Deutzia ssp. (Deutzie)	Herbst	laubwerfender Strauch
Fallopia baldschuanica (Schlingknöterich)	Herbst	immergrüne Kletterpflanze
Forsythia x intermedia (Goldglöckchen)	Herbst	laubwerfender Strauch
Juniperus ssp. (Wacholder)	Herbst	immergrüne Konifere
Leycesteria formosa	Spätherbst	laubwerfender Strauch
Lonicera ssp. (Geißblatt)	Herbst	laubwerfende Kletterpflanze
Metasequoia glyptostroboides (Urwelt-Mammutbaum)	Winter	laubwerfende Konifere
Platanus ssp. (Platane)	Winter	laubwerfender Baum
Populus ssp. (Pappel)	Winter	laubwerfender Baum
Ribes ssp. (Johannisbeere)	Herbst	laubwerfender Strauch
Rosa ssp. (Rose)	Herbst	laubwerf. Str. o. Kletterpfl.
Salix ssp. (Weide)	Winter	laubwerf. Str. oder Baum
Sambucus ssp. (Holunder)	Winter	laubwerf. Str. oder Baum
Symphoricarpos ssp. (Schneebeere)	Herbst	laubwerfender Strauch
Taxodium ssp. (Sumpfzypresse)	Herbst	laubwerfender Baum
Vitis ssp. (Wein)	Spätwinter	laubwerfende Kletterpflanze
Weigela ssp. (Weigelie)	Herbst bis Winter	laubwerfender Strauch

durch Verdunstung aus dem Boden rund um die Stecklinge stark reduziert wird.

Heckenpflanzen

Stecklinge oder Sämlinge für Hecken lassen sich mithilfe schwarzer Folie platzsparend heranziehen. Dazu wird ein 30 cm breiter und ca. 2 m langer Streifen Folie längs ausgelegt. Im Abstand von 30 cm werden nun die Stecklinge mit dem Ende nach unten auf die Folie gelegt, Substrat über die gesamte Länge auf die Mitte gehäufelt und dann genau so zusammengefaltet, dass eine Art 15 cm breiter Umschlag entsteht. Dieser wird nun aufgerollt, sodass man schließlich ein rundes Pflanzenbündel in einem großen, schwarzen ›Plastiktopf‹ hat.

Knotenstecklinge

Die meisten Stecklinge können als ›Knotensteckling‹ bezeichnet werden, wenn die Schnitte, welche die Stecklingslänge bestim-

Verholzte Stecklinge

Die Stecklinge fühlen sich an einem vor Sonne und Wind geschütztem Ort am wohlsten. Bevor man sie in den Boden einsetzt, sollte dieser gründlich umgegraben werden. Man zieht einen V-förmigen Graben mit einer abgeschrägten und einer steilen Seite.

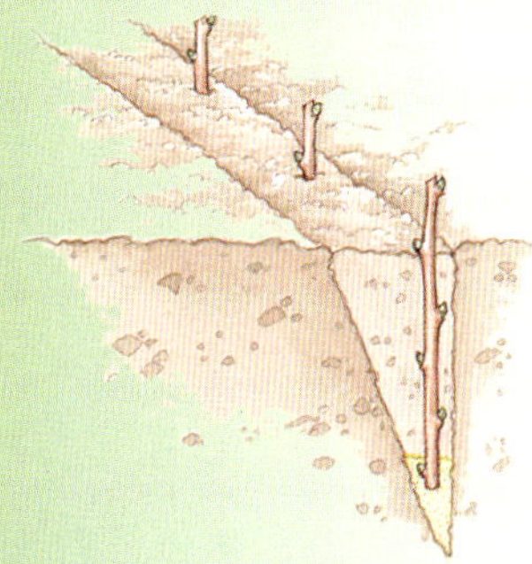

***1** Die Stecklinge werden über einem Blattknoten abgeschnitten, die weichen Spitzen entfernt. Nun kürzt man unterhalb eines Knotens auf etwa 15 cm Länge.*

***2** Falls gewünscht taucht man die Stecklingsenden in ein Bewurzelungspulver, steckt sie dann in den Graben und füllt ihn auf. Der Boden darf nie austrocknen.*

Einen Knotensteckling erhält man, indem man etwa 3 mm unterhalb eines Blattknotens einen glatten Schnitt setzt. Das unterste Blattpaar wird entfernt.

men, an der Spitze direkt oberhalb eines Knotens und am Fuß direkt unterhalb gesetzt werden.

Am Ansatz eines jeden Knotens befindet sich eine schlafende Knospe, aus der sich ein Zweig bilden kann. Diese schlafenden Knospen können genauso wie Pflanzenhormone Zellen zur Teilung anregen. Schneidet man den Steckling in Knospennähe, reagiert die Pflanze mit der Produktion von Wachstumshormonen, die zur raschen Wundheilung und Erzeugung von Wurzeln beitragen.

Triebstecklinge

Einige Pflanzen können praktisch an jeder Stelle eines Zweiges Wurzeln bilden. Das bedeutet, dass man beim Schneiden des Zweiges nicht einen bestimmten Punkt auswählen muss. Solche Pflanzen wie Fuchsien, Clematis und Geißblatt *(Lonicera)* bewurzeln sich oft genauso rasch aus internodialen wie aus Knotenstecklingen. Für diese Pflanzen ist es nicht ungewöhnlich, wenn sie Wurzeln entlang der ganzen Länge des Stecklings, welcher im Substrat steckt, bilden.

Für einen Steckling zwischen den Knoten, wie er oft zur Vermehrung von Fuchsien und Clematis verwendet wird, setzt der untere Schnitt in der Mitte zwischen zwei Blattknoten an.

Die Fähigkeit, sich an praktisch jeder Stelle bewurzeln zu können, hat beim Schneiden der Stecklinge entscheidende Vorteile: Statt zwei Blattknoten wie beim Knotensteckling braucht man beim internodialen Steckling nur einen einzigen Blattknoten.

Schlechtes Bewurzeln von Stecklingen

Man möchte gern glauben, dass man bei den neu gesetzten Stecklingen bereits nach kürzester Zeit Wurzeln entdecken wird. Leider ist das nicht immer der Fall. Viele Stecklinge faulen oder trocknen am Fuß aus, bevor Wurzeln wachsen konnten. Dafür gibt es mehrere Gründe.

- *Zu viel Bewurzelungspulver kann das Gewebe am Fuß des Stecklings verbrennen und es soweit schädigen, dass es keine Wurzeln bilden kann. Verwenden Sie nur das Minimum und klopfen Sie den Überschuss ab.*
- *Hat der Steckling zu wenig Bewurzelungshormone, so benötigt er eine Extraportion. Ansonsten wird er keine Wurzeln bilden und welken.*
- *Nimmt man einen Blüten- statt einen Wachstumstrieb, wird die Bewurzelung misslingen, weil das Verhältnis der Pflanzenhormone im Steckling nicht stimmt oder es dauert mit der Bewurzelung so lange, dass alle Nährstoffreserven des Stecklings vorzeitig aufgebraucht sind.*
- *Zu reichliches Gießen lässt den Steckling faulen, weil das Wasser ihm die Luft raubt und er sich deshalb nicht bewurzeln kann.*
- *Zu sparsames Gießen hingegen lässt den Steckling austrocknen, bevor er sich bewurzeln kann.*
- *Die Idealtemperatur, bei der die meisten Stecklinge sich bewurzeln, liegt zwischen 13 und 18 °C. Liegt die Temperatur über 21 °C, verlangsamt sich die Bewurzelungszeit, statt sich zu beschleunigen. Die meisten Koniferen bilden dann nur Kallusgewebe statt Wurzeln, das heißt sie vernarben.*
- *Der Grad an Luftfeuchtigkeit ist wichtig. Je trockener die Luft ist, desto schneller verbraucht der Steckling seine eigenen Feuchtigkeitsreserven. Diese Feuchtigkeit kann, solange er keine Wurzeln gebildet hat, nicht ersetzt werden. Der Steckling trocknet aus und stirbt womöglich ab.*
- *Stecklinge mit besonders stark verholztem Fuß brauchen manchmal mehr als nur Bewurzelungshormone, weil die Wurzeln die dicke Borkenschicht nicht durchdringen können. Ritzt man den Stamm des Stecklings seitlich an und schält einen Streifen der Borke ab, können sich auf dieser Fläche Wurzeln bilden.*

Rechts: Viele Clematisarten können aus internodialen Stecklingen vermehrt werden, wobei es ausreicht, wenn der Steckling zwei Knospen hat.

Dadurch erhält man aus ein und demselben Vermehrungsmaterial doppelt so viele Stecklinge.

Kleine Stecklinge

Wurde eine neue Pflanze angeschafft, so soll diese möglichst schnell vermehrt werden. Dies kann wirtschaftliche aber auch züchterische Gründe haben. Kauft man beispielsweise im Frühjahr eine kleine Fuchsie und nimmt von dieser regelmäßig Stecklinge, so können über den Sommer 10 bis 12 neue Pflanzen herangezogen werden. Fuchsien sind sehr leicht zu vermehren. Sogar die internodialen Stecklinge, die nur aus einem Blattansatz und einem kurzen Zweigabschnitt bestehen, bewurzeln sich sehr rasch. Diese Stecklinge können vorsichtig längs gespalten werden, wobei an jedem Stück eine Knospe bleiben sollte. In Substrat gesteckt werden sich beide Teile bewurzeln. Allerdings muss man bei dieser Methode darauf achten, dass sich die Blattachseln am Zweig genau gegenüber sitzen, also gegenständig sind.

Beerenobst

Johannisbeeren und Stachelbeeren werden durch verholzte Stecklinge vermehrt. Bewurzelt sich die Mutterpflanze nur schwer, so sollte man für die Vermehrung längere Stecklinge nehmen. Die Stecklinge von Roter Johannisbeere (links) und Stachelbeere (mitte) sind gleich lang. Bei der Stachelbeere werden die oberen Blätter belassen. Sie sollen die Wurzelbildung unterstützen. Bei der Roten und Weißen Johannisbeere werden bis auf vier Knospen alle entfernt, um Ausläufer zu vermeiden.

Stecklinge mit Stammteilen

Wenn Pflanzen besonders anfällig für Fäulnis sind, eignen sich für die Pflanzenvermehrung Stecklinge mit Stammteilen und einem verholzten Fuß am besten. Halbreife Stecklinge können im Herbst von Berberis ssp. genommen und im Frühbeet gepflanzt werden. Man schneidet den Stamm direkt über einem Seitentrieb durch. Der zweite Schnitt wird 2 cm unterhalb des ersten gemacht. Danach entfernt man die unteren Blätter des Seitentriebes und steckt ihn in den Boden.

Links: Usambaraveilchen *(Saintpaulia)* bilden nie einen richtigen Stamm, aber der Blattstiel kann Wurzeln bilden.

Manche Pflanzen können aus kleinen Pflanzenteilen vermehrt werden, die aus einem Abschnitt des Stammes mit einem einzelnen Blatt, welches eine schlafende Knospe trägt, bestehen. Man macht zunächst direkt oberhalb der Knospe und dem Blatt einen Schnitt, dann einen zweiten 2–3 cm unterhalb der Knospe und des Blattes. Die weiche Spitze des Triebes wird weggeworfen, da sie in der Regel fault.

BLATTSTECKLINGE

Einige Pflanzen produzieren neue Pflanzen aus kleinen Teilstücken des Stängels oder sogar aus einzelnen Blattteilen. Von diesen Pflanzen können ohne weitere Schwierigkeiten eine große Anzahl Stecklinge herangezogen werden. Für Blattstecklinge benutzt man entweder das ganze Blatt mit Blattstiel, nur das Blatt oder Teilstücke des Blattes. Ein Blattknospensteckling besteht aus einem kleinen Stück des Stängels, einem einzelnen Blatt und seiner Achselknospe, der Wachstumsknospe zwischen dem Blatt und dem Stängel.

Blattstecklinge

Pflanzen wie die im Winter blühende Mahonie mit ihren stechpalmenartigen Blättern und den nach Maiglöckchen duftenden Blüten können durch Blattstecklinge vermehrt werden, die aus einem Blatt und einem kleinen Teilstück des Zweiges bestehen. Nehmen Sie die Stecklinge im Sommer vom diesjährigen Austrieb. Verwenden Sie ein gesundes Blatt ohne Anzeichen von Krankheit oder Belastung. Das Blatt sollte eine gute Knospe haben, da sich aus dieser der neue Stängel bilden wird.

Man setzt 2–3 cm unterhalb des Blattknotens einen Schnitt und direkt über dem Knoten einen zweiten. Große Blätter kann man entweder aufrollen und mit einem Gummiband zusammenhalten oder einfach halbieren, da auch das halbe Blatt den Steckling noch mit ausreichend Nährstoffen versorgen kann.

Man taucht den Fuß des Stecklings in Bewurzelungspulver und klopft den Überschuss ab. Danach steckt man den Steckling ins Substrat, wobei die Knospe auf Bodenniveau sitzen sollte.

Stecklinge aus Blättern mit Stiel

Indem man von der Mutterpflanze ganze Blätter mit Stiel entfernt, kann man ein einziges Usambaraveilchen *(Saintpaulia)* in ein ganzes Meer voll Blumen verwandeln. Man taucht den Blattstiel in Bewurzelungsmittel und klopft den Überschuss ab. Danach steckt man die Stecklinge so in das Substrat, dass die untere Hälfte des Blattstieles in einem Winkel von 45 Grad im Topf steckt. Schließlich deckt man das Pflanzgefäß mit einer Plastikhaube ab.

Die neuen Pflanzen zeigen sich als Bündel winziger Blätter

am Fuß des Blattstieles. Zu dieser Zeit kann die Abdeckung entfernt werden, damit die Stecklinge nicht zu faulen beginnen. Die bewurzelten Stecklinge topft man einzeln ein.

Man gießt die Jungpflanzen nur von unten, weil Wasser auf den Blättern zu Verbrennungen führt.

Stecklinge aus ganzen Blättern

Manche Zimmerpflanzen wie *Begonia rex* bewurzeln sich aus einem einzigen, flach auf das Substrat gelegten Blatt. Man löst ein großes, gesundes Blatt ab und legt es mit der Oberseite nach unten auf ein Schneidebrett. Mit einem sauberen, scharfen Messer schneidet man in kurzen Schnitten durch die Blattadern. Dann legt man das Blatt mit den Adern nach unten auf feuchtes Substrat und beschwert es. Die neuen Pflanzen wachsen als Bündel winziger Blätter an den Schnittstellen und können einzeln eingetopft werden.

Blattstecklinge

Damit die Stecklinge gelingen:

- *Benutzen Sie frische, feuchte Anzuchterde.*
- *Bedecken Sie den Topf oder die Saatschale mit einer durchsichtigen Folie. Sie können hierfür eine Tüte benutzen, die mit einem Gummiband fixiert wird. Man kann aber auch die ganze Schale in eine große Tüte stellen und sie mit einer Klammer verschließen.*
- *Stellen Sie die Stecklinge an einen hellen Platz, aber nicht direkt ins Sonnenlicht.*
- *Achten Sie auf jedes Anzeichen einer Infektion und entfernen Sie befallene Stecklinge sofort.*
- *Sobald sich die Stecklinge bewurzelt haben, topfen Sie diese um.*

Blattteilstecklinge

Einige Zimmerpflanzen können aus Teilstücken von Blättern gezogen werden, darunter *Streptocarpus*-Hybriden und Bogenhanf *(Sanseveria)*. Man kann die Blätter von *Streptocarpus* längs zerteilen (wobei die Mittelrippe entfernt wird) und sie mit der Schnittfläche nach unten ins Substrat stecken. Die neuen Pflanzen wachsen an den Schnittflächen der Blätter. Sobald sie groß genug sind, können sie umgetopft werden.

Pflanzen aus eingeritzten Blättern vermehren

Zur Vermehrung von Pflanzen wie Begonia rex können Blätter benutzt werden.

***1** Man legt das Blatt mit der Oberseite nach unten auf eine ebene Fläche und schneidet die Blattadern mehrfach im Abstand von etwa 1 cm durch.*

***2** Das Blatt wird mit der Oberseite nach oben auf Substrat gelegt und dort fixiert, sodass die angeritzten Blattadern auf dem Substrat fest aufliegen. Man packt die Schale in eine Plastiktüte und verschließt diese. Die Raumtemperatur sollte ca. 18–24 °C betragen. Sobald die Jungpflanzen groß genug sind, topft man sie einzeln ein.*

Links: Bärenklau *(Acanthus spinosus)* hat zwar keinen Stamm, aber bereits aus dem kleinsten Wurzelstück können sich mehrere neue Pflanzen bilden.

WURZEL-STECKLINGE

Wurzelstecklinge schneidet man am besten im Spätherbst, wenn die meisten Pflanzen in einem Frühstadium der Winterruhe sind. Wie bei allem gibt es auch hier Ausnahmen von der Regel: Meerrettich *(Armoracia rusticana)* wächst immer gut, egal wann man ihn vermehrt.

Aus Wurzelstecklingen, die im Herbst genommen wurden, hat sich in der Regel nach 12–18 Monaten eine ausgewachsene Pflanze gebildet.

Wurzeln säubern

Bevor man die Wurzelstecklinge abtrennt, sollte so viel Erde wie möglich von den Wurzeln gewaschen werden. Sie schonen somit die verwendeten Messer und Scheren.

Schnecken

Um Schnecken davon abzuhalten, die jungen Triebe aufzufressen, kann man Wurzelstecklinge statt mit Substrat auch mit einer Lage grobem Sand abdecken. Schnecken kriechen nicht gerne über die grobe Sandoberfläche.

Die Art und Weise der Pflanzenvermehrung durch Wurzelstecklinge hängt von der Wurzelart der Pflanze ab – ob es sich um dicke, fleischige oder dünne, faserige Wurzeln handelt.

Wurzelstecklinge sammeln

Bei alpinen Pflanzen und Stauden nimmt man die gesamte Pflanze auf, um Wurzelstecklinge zu gewinnen. Sie wird auf einen Tisch in bequemer Höhe platziert, um somit das Abnehmen der Wurzeln zu erleichtern. Bei einem ganzen Baum oder einer Kletterpflanze machen Sie nur von einer Seite ein Loch und entfernen ein paar Stücke der Wurzeln.

Das weitere Vorgehen hängt mehr von der Dicke der Wurzelstecklinge und weniger von der Pflanzenart ab.

Dicke, fleischige Wurzelstecklinge

Pflanzen wie Bärenklau *(Acanthus* ssp.*)* haben fleischige Wurzeln, die meist dicker als ein Bleistift sind. Trennen Sie von der Pflanze die dicken Wurzeln ab und schneiden Sie diese in 5 cm lange Stücke. Die Wurzelstücke oben gerade, unten schräg anschneiden. Dadurch verhindert man, dass der Steckling verkehrt herum gepflanzt wird.

Wurzelstecklinge

Pflanze	Zeit	Pflanzentyp
Ailanthus altissima (Götterbaum)	Winter	laubwerfender Baum
Aralia ssp. (Aralie)	Winter	laubwerfender oder immergrüner Baum
Campsis ssp. (Trompetenwinde)	Winter	laubwerfende Kletterpflanze
Celastrus ssp. (Baumwürger)	Winter	laubwerfende Kletterpflanze
Clerodendrum ssp. (Losbaum)	Winter	laubwerfender Strauch
Rhus ssp. (Essigbaum)	Winter	laubwerfender Strauch
Robinia ssp. (Robinie)	Winter	laubwerfender Baum
Romneya ssp. (Baummohn)	Winter	laubwerfender Halbstrauch
Schefflera elegantissima (Fingeraralie)	Frühjahr	Zimmerpflanze (immergrüner Strauch)

Die Wurzelstücke steckt man senkrecht in einen Topf mit lehmigem Substrat knapp unter die Oberfläche, wobei die schräge Schnittstelle nach unten zeigt. Der Durchmesser des Topfes spielt weniger eine Rolle als dessen Tiefe, die mindestens 8 cm betragen sollte. Der Kopf des Stecklings sollte mit etwas Substrat bedeckt werden, damit er nicht austrocknet.

Wurzelstecklinge nehmen

Welche Länge der Wurzelsteckling haben sollte, hängt sehr von der Temperatur der Umgebung ab, in der er wachsen soll. In der Regel wächst er umso schneller, je wärmer die Umgebung ist und kann daher umso kleiner sein.

***1** Man nimmt eine gesunde Pflanze während der Ruhezeit auf und wäscht die Erde von den Wurzeln ab. Einige Wurzeln schneidet man mit einem scharfen Messer nah am Wurzelhals ab. Danach pflanzt man die Mutterpflanze wieder ein.*

***2** Von den abgeschnittenen Wurzelteilen werden alle seitlichen Faserwurzeln entfernt. Das obere Ende wird gerade abgeschnitten, das untere schräg. Der Steckling wird in den Boden eines Frühbeetes oder in einem Topf ins unbeheizte Gewächshaus gesetzt.*

Dünne, faserige Wurzelstecklinge

Pflanzen wie Phlox haben dünne, faserige Wurzeln, meist nur wenige Millimeter dick. Bei diesen Wurzelstecklingen ist es nicht wichtig, zwischen dem oberen und dem unteren Ende zu unterscheiden. Deshalb können die Wurzelstücke unten und oben gerade abgeschnitten werden.

Diese Stecklinge werden nicht ins Substrat gesteckt, sondern auf dessen Oberfläche verteilt. Um nicht auszutrocknen, sollten die waagerecht liegenden Stecklinge mit ca. 1 cm Substrat bedeckt werden. Diese Stecklinge bilden oftmals an jedem Ende der Wurzel eine neue Pflanze.

PFROPFEN

Nicht jede Pflanze mit schmackhaften Früchten und schönen Blüten ist auch mit einem kräftigen Wurzelsystem ausgestattet. Einige Pflanzen beispielsweise haben Wurzeln, die besonders anfällig für bestimmte Bodenkrankheiten sind. Aus diesem Grund hat man die Propftechnik entwickelt: Eine Sorte (das Edelreis) wird auf eine andere Sorte (die Unterlage) übertragen. Beide Pflanzenteile wachsen zusammen zu einer Pflanze. Den Punkt, an dem die beiden Sorten miteinander verwachsen, nennt man Veredelungsstelle. Sie ist normalerweise als Schwellung am Stamm der fertigen Pflanze zu erkennen.

Es gibt viele verschiedene Arten des Pfropfens, wobei man

Rechts: Die meisten Apfelsorten werden durch Pfropfen auf eine Unterlage vermehrt.

Spaltpfropfung

***1** Das Edelreis sollte aus einem kräftigen, gesunden einjährigen Trieb bestehen. Hierfür trennt man die Triebspitze direkt unterhalb einer Blattachsel oder eines Knotens ab. Den Fuß des Triebes formt man mit zwei 3–4 cm langen, schrägen Schnitten zu einem Keil. Der gesamte Trieb sollte eine Länge von 10–15 cm haben.*

1

2

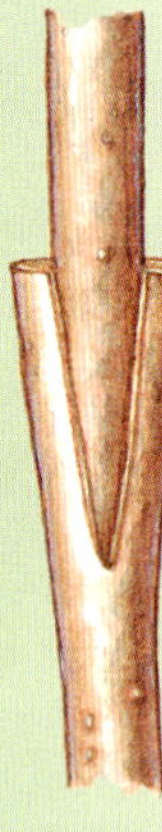
3

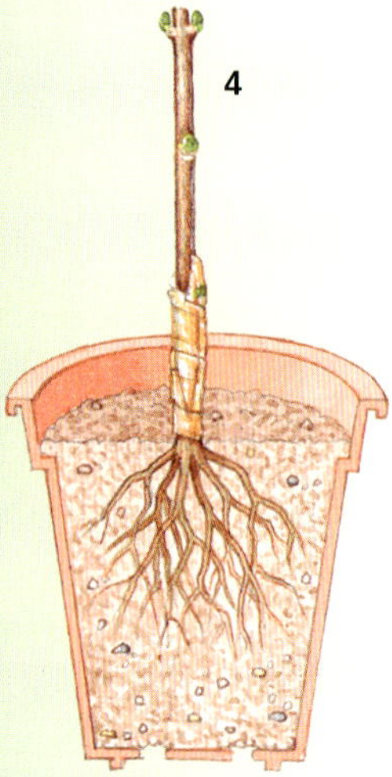
4

***2** Für die Unterlage kappt man den Stamm etwa 5 cm über der Wurzel. Der Stamm des unteren Teils wird durch einen etwa 3–4 cm langen, senkrechten Schnitt gespalten.*

***3** Nun führt man das untere Ende des Edelreises bis zum Anschlag in den Spalt der Unterlage ein. Mit einem Gummiband werden die beiden Teile fest zusammengebunden, sodass die Schnittflächen von Unterlage und Edelreis sich berühren.*

***4** Diese Pfropfung setzt man in einen mit Substrat gefüllten Topf, wobei die Pfropfstelle gerade über das Substrat hinausragen sollte. Als letztes gießt man an, sodass sich das Substrat um die Wurzeln schließen kann. Nachdem die Veredelungsstelle geheilt ist, kann das Gummiband entfernt werden.*

zwei Grundtypen unterscheidet: die Spaltpfropfung und das seitliche Einspitzen. Man teilt sie danach ein, wo das Edelreis auf die Unterlage trifft. Bei der Spaltpfropfung wird das Edelreis auf die Spitze der Unterlage gepfropft. Wenn das Edelreis seitlich an die Unterlage angesetzt wird, spricht man von seitlichem Einspitzen. Ausschlaggebend für erfolgreiches Pfropfen ist der enge Kontakt zwischen Edelreis und Unterlage, weshalb man diese sorgfältig aufeinander setzen und gut fixieren sollte.

Fürs Pfropfen geeignete Bäume

Spaltpfropfung
Aesculus, Catalpa, Cercis, Fagus

Seitliches Einspitzen
Abies, Acer, Betula, Carpinus, Cedrus, Cupressus, Fagus, Fraxinus, Gleditsia, Larix, Magnolia, Picea, Prunus, Robinia, Sorbus

Seitliches Einspitzen

Bei den meisten Hartholzbäumen und laubwerfenden Sträuchern wird das Pfropfen durch seitliches Einspitzen im Spätwinter vorgenommen.

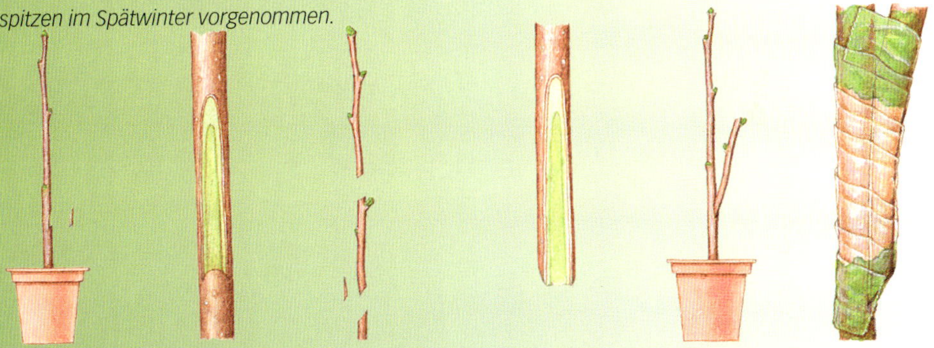

1 *Die Unterlage wird etwa 2,5 cm über der obersten Wurzel eingekerbt. Etwa 3–4 cm darüber wird ein gerader, nach unten gerichteter Schnitt gemacht, der auf die Kerbe trifft. Man entfernt das Stück Borke und Holz von der Unterlage.*

2 *Das Edelreis sollte aus einem kräftigen, gesunden, einjährigen Trieb bestehen. Hierfür wird eine Triebspitze genau oberhalb einer Blattachsel oder eines Nodiums gekappt. Man schneidet das untere Ende des Triebes so zu, dass es genau in den Kerbschnitt der Unterlage passt.*

3 *Unterlage und Edelreis werden so zusammengefügt, dass die Borke von Edelreis und Unterlage einander berühren. Mit einem Gummiband wird die Pfropfstelle fixiert. Nach dem Pfropfen wird die Unterlage alle zwei Wochen etwas zurückgeschnitten, bis die Spitze der Unterlage mit der Spitze der Pfropfung bündig ist.*

7 ZWIEBEL- UND KNOLLENPFLANZEN

Einige unserer vertrautesten Gartenblumen wachsen aus unterirdischen Speicherorganen, die man Zwiebeln, Wurzel- und Sprossknollen nennt. Sie enthalten bis auf die Wurzeln eine vollständige Pflanze. Alles, was diese Zwiebeln und Knollen für die Bildung einer neuen Pflanze brauchen, ist Wasser und Wärme.

Links: Dahlien wie diese *D.* 'Gaiety' haben Wurzelknollen. Nur wenn an ihnen auch ein Stängelstück vorhanden ist, kann aus ihnen eine neue Pflanze entstehen.

Zwiebeln, Wurzel- und Sprossknollen sind alle unterirdische Speicherorgane. Dennoch unterscheiden sie sich stark in Aussehen und der Art der Pflanzenvermehrung. Zwiebeln (oben links) haben komprimierte Stängel mit fleischigen Schalen. Eine Sprossknolle (oben rechts) ist der verdickte Fuß eines Stängels. Wurzelknollen (unten rechts) hingegen sind verdickte, fleischige Wurzelteile (mitte).

Wie andere Pflanzen bilden auch Zwiebel- und Knollenpflanzen Samen, die für eine neue Anzucht verwendet werden können. Diese Pflanzen können sich aber neben der Aussaat auch durch die Bildung neuer Zwiebeln und Knollen vermehren. Dadurch breiten sie sich im Laufe der Jahre im Garten zu einem bunten Teppich aus. Manche Zwiebelpflanzen bilden auch Brutzwiebeln an ihren Stängeln. Eine Krokusknolle wächst und blüht nur ein einziges Mal. Wenn die Krokusknolle abstirbt, bilden sich gleichzeitig um den Fuß der alten eine oder mehrere neue Knollen. Narzissen und Lilien bilden ›Tochter‹-Zwiebeln an ihrer Basis, wobei Lilien auch kleine Achselbulben in den Blattachseln haben können. Lilien können aus einzelnen Schalen der Zwiebel vermehrt werden. Diese Methode sollte jedoch nicht jedes Jahr angewendet werden, da sonst nicht nur die Mutterpflanzen geschwächt werden, sondern in Ihrem Garten bald nur noch Lilien blühen. Dennoch können Sie auf diesem Wege rasch und schnell zahlreiche, teure Lilien erhalten.

Man kann natürlich auch Zwiebeln in freier Natur sammeln. Dabei sollte man sich aber dessen bewusst sein, dass dieses Vorgehen zu einem Verlust von seltenen Pflanzenarten in ihrem natürlichen Verbreitungsgebiet führt. Wählen Sie deshalb beim Kauf nur solche Zwiebeln, die von den Gärtnereien aus dem eigenen Bestand kommen. Besser ist es natürlich noch, Sie bauen Ihren eigenen Bestand auf.

Links: Schneeglöckchen werden oft direkt nach der Blüte, wenn sie noch Laub haben, verpflanzt.

Rechts: Zwiebelpflanzen wie Narzissen und Krokusse können aus Samen gezogen werden, aber es kann viele Jahre dauern, bis sie blühen.

ZWIEBELN UND KNOLLEN AUS SAMEN

Obwohl die meisten Zwiebel- und Knollenpflanzen durch Teilung vermehrt werden, kann man viele dieser Pflanzenarten auch durch Samen heran ziehen. Wenn mehrere Arten der gleichen Gattung dicht nebeneinander stehen, kann eine Bestäubung von Hand nötig sein. In der Regel wird der Samen im Frühherbst desselben Jahres ausgesät, in dem er gereift ist. Wird er im Freien gesät, keimt er normalerweise im folgenden Frühjahr.

Zwiebeln, die aus Samen gezogen werden können

Wenn Zwiebeln und Knollen aus Samen gezogen werden, kann es zwischen einem und fünf Jahren dauern, bis die Pflanze Blüten treibt. Zu den Pflanzen, die aus Samen vermehrt werden können, gehören:

- Cardiocrinum *ssp. (Riesenlilie)*
- Crocus *ssp. (Krokus)*
- Freesia *ssp. (Freesie)*
- Fritillaria meleagris *(Schachbrettblume)*
- Galanthus *ssp. (Schneeglöckchen)*
- Narcissus *ssp. (Narzisse)*
- Tigrida pavonia *(Tigerblume)*
- Tulipa *ssp. (Tulpe)*

Samen sammeln

Normalerweise wird empfohlen, Pflanzen wie Narzissen *(Narcissus* ssp.*)* und Tulpen *(Tulipa* ssp.*)* nach der Blüte zu köpfen, damit sich die Zwiebel besser entwickeln kann und die Pflanze keinen Samen produziert. Möchte man jedoch Samen sammeln, so sollten die Blüten der Pflanzen nicht entfernt werden. Sobald sich die Samenkapseln braun färben, können sie abgenommen werden. Krokusse *(Crocus* ssp.*)* und Netziris *(Iris reticulata)* produzieren ihre Samenkapseln dicht am Boden, wo sie schwer zu sehen sind. Man entfernt die Samen aus den Kapseln und bewahrt sie in beschrifteten Kuverts oder Papiertüten an einem kühlen, trockenen Ort auf.

Aussaat der Samen

Man füllt Plastik- oder Torftöpfchen mit lehmigem Substrat, unter das Feinsplitt oder Perlit zur Verbesserung der Dränage gemischt wird. Das Substrat wird leicht angedrückt und die Samen gleichmäßig über die Oberfläche verteilt. Um die Samen etwa vier- bis fünfmal so tief zu vergraben wie ihr Durchmesser ist, wird etwas Substrat darüber gesiebt. Das Ganze wird mit einer Schicht grobem Splitt bedeckt. Man beschriftet die Töpfe und versenkt sie in einem geschützten, schattigen Teil des Gartens in die Erde. Man kann sie aber auch in ein offenes Frühbeet stellen. Auf alle Fälle sollte darauf geachtet werden, dass das Substrat nicht austrocknet.

Nachsorge

Wenn die Sämlinge gekeimt sind, können sie im Spätsommer oder Frühherbst ihres ersten Jahres in Einzeltöpfe oder Schalen umgepflanzt werden. Auch diese Töpfe sollten wieder im Boden versenkt oder in ein offenes Frühbeet gestellt werden. Man kultiviert die Pflänzchen noch zwei oder mehr Jahre, bis sie groß genug zum Auspflanzen sind.

Zwiebeln aus Samen ziehen

Obschon es mehrere Jahre dauert, bis die Zwiebeln Blüten treiben, ist die Aussaat ein preiswertes Mittel, um eine große Anzahl von Pflanzen zu erzeugen.

1 *Man sät die Samen im Herbst desselben Jahres, in dem sie gesammelt wurden. Um die Samen zu bedecken, wird Substrat darüber gesiebt und dieses wiederum mit einer Schicht feinen Splitts bedeckt. Die Töpfe versenkt man im Boden oder stellt sie in ein offenes Frühbeet.*

2 *Im Spätsommer ihres zweiten Jahres können die Jungpflanzen in Einzeltöpfchen umgepflanzt werden, in denen sie dann noch etwa zwei weitere Jahre wachsen müssen.*

Links: Tulpen bilden oft kleine Zwiebelchen um den Fuß der Mutterpflanze herum. Diese Zwiebelchen bringen Blüten hervor, welche die gleichen Eigenschaften wie die Mutterpflanze aufweisen.

ZWIEBELN TEILEN

Viele Zwiebeln bilden von Natur aus Ableger oder Brutzwiebeln. Man kann diese leicht von der Mutterpflanze abtrennen und einpflanzen. Andere Zwiebeln, besonders manche *Lilium*- und *Tritonia*-Arten, bilden in den Blattachseln kleine Achselbulben und an unterirdischen Stängelabschnitten Brutzwiebeln.

Ableger

An den Außenseiten der Zwiebeln bilden manche Pflanzen, darunter Narzissen, Hyazinthen, Zwiebelschwertlilien und Krokusse kleinere Zwiebeln, die man Tochterzwiebeln, Brutzwiebeln oder Ableger nennt. Sie sind nur sichtbar, wenn man die Mutterpflanze ausgräbt. Je nach Pflanzenart brauchen sie mehrere Jahre, um sich zu einer neuen blühenden Pflanze zu entwickeln. Man kann sie entweder abnehmen oder an Ort und Stelle belassen. Möchten Sie die Tochterzwiebeln abnehmen, so ziehen Sie diese vorsichtig von der alten Zwiebel ab und setzen sie in einen separaten Topf. Es wird bis zu fünf Jahre dauern, bis die neue Pflanze blüht.

Blühfaulheit

Wenn Zwiebelpflanzen blühfaul sind – das heißt, wenn sie nur Blätter, aber keine Blüten bilden – stehen sie meistens zu dicht. Aber auch Wassermangel während der Wachstumsperiode kann ein Grund für die Blühfaulheit sein. In dem Fall nimmt man den Horst auf und teilt die Zwiebeln, um sie dann wieder in der richtigen Tiefe und zur passenden Zeit einzusetzen.

Achselbulben und Brutknollen

Pflanzen wie Lilien bilden die sogenannten Achselbulben in den Blattachseln des Stieles aus. Sie sind klein und dunkel purpurbraun und haben dieselben überlappenden Schalen wie die Mutterpflanze. Die Achselbulbe entwickelt während ihres Wachstums am Stiel der Mutterpflanze kurze, weiße Wurzeln. Sobald die Achselbulben reif sind, fallen sie von der Pflanze auf den Boden und beginnen, im Substrat Wurzeln zu schlagen.

Um den Fuß einiger Pflanzen herum findet man Brutzwiebeln. Diese können umgetopft und

Pflanzen, die Brutzwiebeln bilden

Folgende Arten bilden Brutzwiebeln:

- Allium *ssp.*
- Cardiocrinum *ssp.*
- Chinodoxa *ssp.*
- Erythronium *ssp.*
- Fritillaria *ssp.*
- Lilium auratum, L. bulbiferum, L. canadense L. lancifolium, L. longifolium, L. speciosum
- Muscari *ssp.* *(Traubenhyazinthe)*
- Narcissus *ssp.*
- Nerine *ssp.*
- Scilla *ssp.*
- Sternbergia *ssp.* *(Gewitterblume)*
- Tulipa *ssp.*

Manche Pflanzen, darunter Narzissen, einige Laucharten und Hakenlilien bilden ›Tochter‹-Zwiebeln, die man im Frühjahr abnehmen und eintopfen kann.

später im Freien gepflanzt werden. Alternativ kann man die Brutzwiebeln, sobald sie ihre eigenen Wurzeln zu bilden beginnen, vorsichtig von der Pflanze abnehmen und in Töpfe oder Saatschalen pflanzen. Im ersten Jahr wird das Laub der neuen Pflanze grasartig und ganz anders sein als bei der Mutterpflanze. Aber bereits im zweiten Jahr ändert sich dies. Es kann bis zu fünf Jahre dauern, bis die Pflanze blühfähig ist. Dennoch ist dies ein preiswerter Weg, seine Bestände aufzufüllen. Einige Lilien bilden an den unterirdischen Stängelabschnitten Bulben. Wenn man die Mutterpflanze nach der Blüte ausgräbt, kann man diese einfach abnehmen.

Ableger abtrennen

Sind Pflanzenhorste wie bei Krokussen zu dicht geworden und man möchte sie ausdünnen und Ableger nehmen, so sollte dies in ihrer Ruhezeit geschehen.

1 *Man entfernt möglichst viel Erde von den Zwiebeln und zieht dann die Ablegerzwiebeln vorsichtig ab. Die trockene Haut der Mutterzwiebel wird abgerieben, bevor man sie wieder einpflanzt. Große, kräftige Ableger können direkt in den Garten gepflanzt werden.*

2 *Kleinere Ableger sollten für ein oder zwei Jahre im geschützten Raum gezogen werden. Man pflanzt sie in gut durchlässiges Substrat und achtet darauf, dass sie mindestens doppelt so tief im Substrat liegen wie sie dick sind.*

Züchten von Achselbulben und Brutknollen

Die Achselbulben können aus den Blattachseln gesammelt werden, wenn sie reifen. Zum Sammeln von Brutknollen wird die Mutterzwiebel nach der Blüte ausgegraben.

1 *Um Achselbulben zu sammeln, wird im Herbst der Stängel direkt über dem Boden abgeschnitten. Vorsichtig entfernt man die Achselbulben, setzt sie auf die Substratoberfläche (in der Regel zehn Stück in einen Topf von 12–13 cm Durchmesser) und drückt sie bis unter die Substratoberfläche hinein, wo sie ein Jahr wachsen. Im folgenden Jahr werden die Zwiebeln aus dem Substrat geschüttelt und in die Rabatte gepflanzt.*

2 *Die Mutterzwiebel wird aufgenommen und für einige Tage zum Abtrocknen der Erde auf Zeitungspapier gelegt. Dann schüttelt man vorsichtig die trockene Erde und die lockeren Brutknollen vom Fuß der Mutterzwiebel ab. Die Brutknollen werden auf die Oberfläche eines mit Substrat gefüllten Topfes gesetzt und bis gerade unter die Substratoberfläche hineingedrückt. Im folgenden Herbst können sie in die Rabatte ausgepflanzt werden.*

ABSCHUPPEN VON ZWIEBELN

Die meisten Zwiebeln bilden Brutzwiebeln, aus denen Tochterpflanzen werden. Einige bilden nicht ausreichend. Bei ihnen hilft das Abschuppen der Zehen. Das Abschuppen ist eine weit verbreitete, faszinierend zu beobachtende Technik, die sehr einfach ist. Sie ist gut für Kinder geeignet, die sich über schnelle Ergebnisse besonders freuen. Außerdem ist das Abschuppen der Zwiebeln ein sehr wirtschaftlicher Weg, besonders wenn man große Flächen zu füllen hat. Das Beste an dieser Methode ist jedoch, dass sie der Blühfreude der Mutterzwiebel im kommenden Jahr nicht schadet.

Zeitliches Abstimmen

Abgeschuppt wird in der Herbstzeit, nachdem das Laub verwelkt ist. Die im Handel angebotenen Zwiebeln sind zu dieser Zeit frisch. Ist die Mutterzwiebel schrumpelig, sollte sie nicht für die Vermehrung genutzt werden.

Auswahl der richtigen Zwiebel

Diese Vermehrungstechnik kann bei allen echten Lilienarten angewendet werden. Man wählt eine fest und gesund aussehende Zwiebel, die keine Anzeichen von Schädlings- oder Krankheitsbefall zeigt – keine Löcher, Fraßspuren oder weiche Stellen aufweist. Bei der Lilienzwiebel beipielsweise sind die Zehen deutlich zu sehen. Sie sind einander überlappend um einen Mittelpunkt herum gruppiert. Die äußeren Zehen sind oft welk und braun, die anderen sollten aber fleischig und fest sein.

Abnehmen der Zehen

Die äußeren braunen Zehen werden abgezogen und weggeworfen, die zu verwendenden sollten sich fest und rundlich anfühlen und gesund aussehen. Die einzelnen Zehen werden ab- beziehungsweise die ganze Zwiebel wird auseinandergebrochen. Jede Zehe sollte am Fuß ein kleines Stück weißlichen Zwiebelboden haben. Bis zu 80 Prozent der Zehen einer Zwiebel können entfernt werden, ohne dass die Blühfreude der Mutterzwiebel im kommenden Jahr eingeschränkt wird.

Vorbereiten der Zehen

Eine transparente Plastiktüte wird zur Hälfte mit frischer, leicht feuchter Anzucht- oder Universalerde gefüllt. Man legt so viele Zehen in die Tüte, bis das Verhältnis von Substrat zu Zehen 4 : 1 beträgt. Dann schüttelt man die Tüte vorsichtig, sodass jede Zehe gut mit dem Substrat in Kontakt kommt. Man verschließt die Plastiktüte und bewahrt sie an einem warmen, dunklen Ort auf.

Achten Sie darauf, dass die Erde nicht austrocknet. Nach zwei Wochen fängt man an, zu überprüfen, ob die Zehen Wurzeln gebildet haben. Hierfür öffnen Sie nicht die Tüte, sondern spähen stattdessen durch die Plastik hindurch. Sie werden winzige weiße Flecken sehen, die an den Ansätzen der Zehen erscheinen. Diese ähneln Reiskörnern und sind Brutzwiebeln. Bald bilden sie lange Wurzeln und vielleicht ein einziges, lanzenförmiges Blatt.

Umpflanzen der Zehen

Sobald die kleine, weiße Brutzwiebel eine Wurzel gebildet hat, kann die Zehe in einen eigenen Topf gepflanzt werden. Wenn sich an einer Zehe mehr als eine Brutzwiebel gebildet hat, kann man diese vorsichtig der Länge nach durchschneiden, sodass an jeder Brutzwiebel noch ein Zehenstück sitzt, welches die neue Pflanze mit Nährstoffen versorgt.

Sobald sich die Wurzeln an das Substrat gewöhnt haben und zu wachsen beginnen, hat die Zehe ihren Zweck erfüllt und stirbt ab. Die Brutzwiebel ist nun eine selbstständige Pflanze. Im ersten Jahr bildet sie lanzenförmige Blätter, die gar nicht wie Lilienblätter aussehen. Aber im folgenden Jahr wird sie bereits zur Lilienpflanze im Miniformat.

Es kann bis zu fünf Jahre dauern, bis die Pflanzen zum ersten Mal blühen. Bis dahin müssen sie regelmäßig in größere Gefäße umgetopft werden. Im dritten Jahr kann man sie dann auspflanzen. Allerdings brauchen sie Schutz vor Kälte und Schädlingen, wie dem Lilienhähnchen, bis sie angewachsen sind.

Beim Pflanzen und Umpflanzen dieser Brutzwiebeln muss man darauf achten, sie nicht zu tief zu setzen. Andernfalls werden die Zwiebeln blühfaul – das heißt, sie bilden jede Menge Blätter am Boden, aber keine Stängel oder Blüten.

Abschuppen von Lilienzwiebeln

Bei dieser Vermehrungstechnik muss man besonders darauf achten, dass an jeder Zehe ein Stück des Zwiebelbodens anhängt. Ist dies nicht der Fall, sind auch keine Pflanzenembryonen vorhanden. Es wird sich keine neue Pflanze bilden können.

1 *Der Spätsommer oder Frühherbst sind die besten Zeiten, um Zwiebeln durch Abschuppen zu vermehren. Man wählt nur kräftige, gesunde Zwiebeln ohne Anzeichen von Krankheiten oder Schädlingen. Die äußeren Zehen werden von der Zwiebel entfernt, indem man sie nach außen biegt. Man arbeitet sich um die Zwiebel herum und entfernt so viele Zehen wie man braucht.*

2 *Wenn man genug gesammelt hat, legt man die Zehen in eine Plastiktüte mit viermal so viel Torferde wie Zehen und mischt sie gründlich mit dem Substrat. Man bläst die Tüte auf, verschließt sie locker und sollte nicht vergessen, das Datum und den Namen der Liliensorte auf der Tüte zu vermerken. An einem warmen, dunklen Ort aufbewahrt, kontrolliert man sie in wöchentlichem Abstand. Schuppen, die zu faulen beginnen, werden entfernt.*

3 *Nach sechs bis zehn Wochen haben sich zwei oder drei kleine weiße Zwiebeln an den unteren Enden der Zehen gebildet und aus jedem Boden einer Brutzwiebel sprießen zwei oder drei Wurzeln. Man nimmt nun die Zehen aus dem Substrat und setzt jede in einen kleinen Topf mit Erde, wobei die Miniaturzwiebeln gerade unter der Erdoberfläche sein sollten. Die Töpfe stellt man den Winter über ins Frühbeet.*

4 *In der ersten Saison ist das Laub der Zwiebeln lang und schmal wie Gras. Am Ende der ersten Vegetationsperiode wird ein Großteil der Zehen verfault sein. Sollten die Zehen noch vorhanden sein, trennt man die kleinen Zwiebeln von ihnen ab und vereinzelt sie. Nun kann man sie wie gewöhnliche Blumenzwiebeln behandeln und im Gartenboden auspflanzen oder für ein weiteres Jahr eintopfen.*

ANRITZEN, AUSSCHABEN UND ABSPALTEN

Weitere Techniken, die man zur Vermehrung von Zwiebelpflanzen benutzt, sind Anritzen, Ausschaben und Abspalten. Anritzen und Ausschaben eignen sich für Zwiebeln wie Hyazinthen, die langsam Ableger bilden. Abspalten wird bei Zwiebeln angewendet, die keine Samen ansetzen und schwierig zu teilen sind. Das Abspalten regt sie zur Bildung von Brutknollen an.

Abspalten

Obwohl das Abspalten nicht oft versucht wird, teilweise wohl deshalb, weil sich die abgespaltenen Teile nur schwer vor Krankheitsbefall schützen lassen, ist es dennoch ein nützlicher Weg zur Vermehrung von Zwiebeln, die nur schwer Ableger bilden.

***1** Man entfernt die Wurzeln und die Spitze mit einem scharfen Messer.*

***2** Jede Zwiebel wird der Länge nach in gleich große Teile geschnitten, wobei an jedem ein Teilstück des Zwiebelbodens hängen muss. Um die Teilstücke vor Krankheiten zu schützen, taucht man sie in ein flüssiges Fungizid.*

***3** Die abgespaltenen Teilstücke legt man in eine Plastiktüte mit feuchtem Vermiculit, die man verschließt und an einem warmen, dunklen Ort aufbewahrt.*

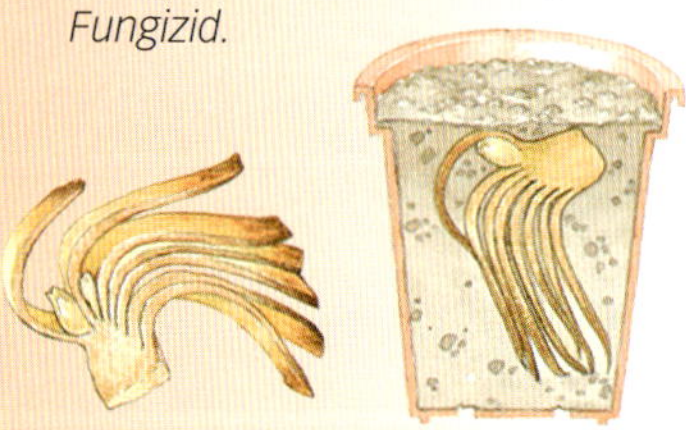

***4** Nach etwa 12 Wochen beginnen sich junge Brutknollen zu zeigen, die eingetopft werden können, sobald sie Wurzeln gebildet haben und groß genug zum Anfassen sind.*

Anritzen

Am Zwiebelboden wird eine flache Rille quer über die Zwiebelfläche geritzt. Die Schnittflächen werden mit einem Fungizid bestäubt. Man steckt die Zwiebel kopfunter in eine Schale voll Sand und stellt sie an einen warmen, dunklen Ort, bis Brutknollen erscheinen. Mit diesen verfährt man wie mit Brutknollen, die durch Ausschaben entstehen.

Ausschaben

Dieser Vorgang gleicht dem Anritzen. Die Zwiebel wird auf den Kopf gestellt, der mittlere Teil des Zwiebelbodens abgeschabt und der Ansatz der Zehenblätter freigelegt, welcher mit Fungizid eingestäubt wird. Dann setzt man die Zwiebel mit dem Kopf nach unten in eine Schale voll Sand, die man warm und dunkel stellt, bis sich Brutknollen auf der Schnittfläche bilden. Die Zwiebel wird gepflanzt, immer noch mit dem Kopf nach unten, sodass sich die Brutknollen direkt unterhalb der Erdoberfläche befinden. Am Ende der Saison nimmt man die Brutknollen auf, vereinzelt sie und pflanzt sie aus oder topft sie ein. Nach drei oder vier Jahren sollten sie Blüten treiben.

Abspalten

Das Abspalten bei Pflanzen, die von Natur aus nur langsam Ableger bilden, regt sie zur Produktion von Brutknollen an. Wichtig ist, bei dem Vorgang nur sterilisiertes Werkzeug und gut gewachsene, gesunde Zwiebeln zu benutzen. Am Ende der Ruhezeit der Pflanze entfernt man mit

Ausschaben

Hybriden von Hyazinthen können durch Ausschaben vermehrt werden. Obwohl man spezielles Werkzeug kaufen kann, eignet sich hierfür auch ein Teelöffel mit einer scharfen Kante.

1 *Man stellt die Zwiebel auf den Kopf, schabt den mittleren Teil des Zwiebelbodens ab, um den Ansatz der Zehenblätter freizulegen und stäubt ihn mit Fungizid ein.*

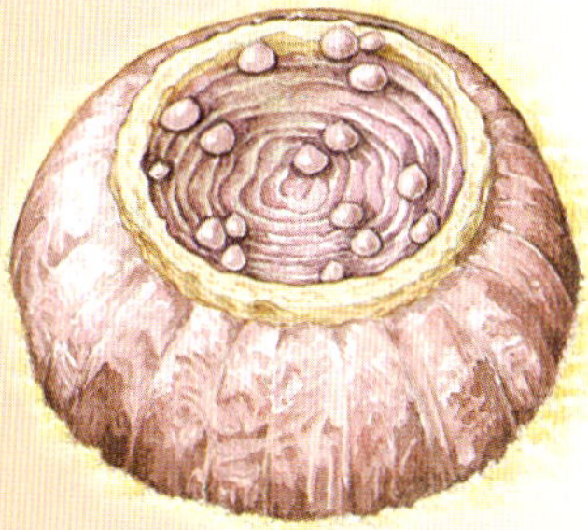

2 *Die Zwiebel wird mit dem Boden nach oben in eine Schale mit Sand gesetzt, die man für etwa eine Woche an einen warmen, dunklen Ort stellt. Bei Bedarf befeuchtet man den Sand, um ein Austrocknen der Zwiebeln zu verhindern.*

3 *Nach 12–14 Wochen werden sich auf der Schnittfläche Brutknollen zeigen.*

4 *Die Zwiebel wird mit dem Kopf nach unten so in Substrat gepflanzt, dass sich die Brutknollen gerade unterhalb der Erdoberfläche befinden. Im Frühjahr werden sich Blätter zeigen, die im Spätsommer wieder absterben. Dann kann man die Zwiebel aufnehmen, die Brutknollen vereinzeln und eintopfen.*

einem sauberen Messer die Wurzeln und die Spitze. Jede Zwiebel wird der Länge nach geteilt, wobei an jedem ein Teil des Zwiebelbodens hängen muss. Man füllt etwas Vermiculit in eine Plastiktüte und fügt die Zwiebelstücke hinzu. Nach dem Verschließen der Tüte bewahrt man sie für etwa 12 Wochen an einem warmen, dunklen Ort auf, bis sich aus den Zwiebelbodenstücken Brutknollen gebildet haben. Wenn sie Wurzeln gebildet haben und groß genug zum Anfassen sind, können sie einzeln eingetopft werden.

Anritzen und Ausschaben

Zwiebeln, die durch Anritzen oder Ausschaben vermehrt werden können:

- Galanthus *ssp. (Schneeglöckchen)*
- Hyacinthus-*Hybriden*
- Lachenalia *ssp.*
- Leucojum *ssp. (Knotenblume)*
- Muscari *ssp. (Traubenhyazinthe)*
- Narcissus *ssp. und Hybriden*
- Scilla *ssp. (Blaustern)*

Links: Die Knollen von *Cyclamen neapolitanum* können in Teile zerschnitten werden, aber jedes Teil muss ein ›Auge‹ oder eine Triebknospe haben.

WURZEL- UND SPROSSKNOLLEN

Viele der beliebtesten Gartenpflanzen wachsen aus Wurzel- und Sprossknollen. Sprossknollen sehen ähnlich aus wie Zwiebeln, entstehen aber durch eine Verdickung des Sprosses und können durch Teilung vermehrt werden. Wurzelknollen sind verdickte Wurzeln, die der Nährstoffspeicherung dienen. Zu den aus Wurzelknollen gezogenen Pflanzen gehören Dahlien, manche Begonienarten und *Tropaeolum*.

Sprossknollen teilen

Man beginnt damit, die Sprossknolle in der Mitte durchzuschneiden und halbiert die Teile nochmals. Alle diejenigen, die Anzeichen von deutlicher Verfärbung oder Fäulnis zeigen, werden weggeworfen. Nach dem Zerteilen der Sprossknolle taucht man die einzelnen Stücke in eine Schale mit Schwefelpulver. Dies vermindert das Risiko, dass sich Pilzfäulnis auf den Schnittflächen ausbreitet. Sobald das Schwefelpulver auf den Schnittflächen angetrocknet ist, können die Teilstücke in substratgefüllte Töpfe gepflanzt werden. Dabei sollte die ursprüngliche Oberseite der Sprossknolle gerade aus dem Substrat herausragen.

Brutknollen

Manche Knollen bilden im Herbst zwischen der alten und der neuen Knolle Miniaturknollen. Man kann diese von den Knollen trennen und im folgenden Frühjahr ins Freie pflanzen. Diese neuen Knollen müssen aber zwei bis drei Jahre wachsen, bevor sie Blüten treiben.

Wurzelknollen teilen

Auch Wurzelknollen können durch Zerstückeln geteilt werden – der große Unterschied ist, dass die fortpflanzungsfähigen Teile einer Wurzelknolle nicht auf ein bestimmtes Pflanzenstück beschränkt sind. Ein gutes Beispiel dafür ist die Kartoffel.

Alpenveilchen und Begonien

Manche Pflanzen werden dann zum Problem, wenn man sie vermehren möchte. Das muss nicht unbedingt daran liegen, dass sie sich schwer bewurzeln. Oftmals ist für die Vermehrung kaum Pflanzenmaterial vorhanden. Manche Begonien- und Alpenveilchenarten bilden einen runden, verdickten Stängel, der gestaucht ist. Hier kann es schwierig, wenn nicht sogar unmöglich sein, ausreichend Material für Stecklinge zu bekommen. Will man diese Pflanzen erfolgreich vermehren, muss man daher umdenken. Solche Knollen werden durch Teilung vermehrt, wobei man durch die ganze Knolle wie durch einen Horst schneidet.

Die Mutterknollen von Pflanzen wie etwa Gladiolen bilden viele Brutknollen, die von den Mutterpflanzen abgelöst und einzeln in Schalen gepflanzt werden können. Sie brauchen zwei bis drei Jahre, bis sie zur Blüte kommen.

Seerosen mit Knollen

Die Knollen von Seerosen können geteilt werden. Man schneidet einzelne Seitentriebe bündig mit der Knolle ab. Nymphaea tuberosa *bildet kleine Auswüchse auf der Knolle, die abgezwickt werden können. Die Schnittflächen reibt man mit Holzkohle ein und drückt sie in einen Topf, der mit Teicherde gefüllt ist.*

Pflanztiefen

Beim Einpflanzen der neuen Teilstücke der Wurzelknollen muss man sehr sorgfältig vorgehen. Werden sie zu tief gepflanzt, werden viele nicht wachsen, weil sie in der sauerstoffarmen Umgebung zu faulen beginnen.

Beim Teilen von Dahlien sollte man darauf achten, dass an jeder Wurzelknolle ein Stück Stängel bleibt. Man wählt eine gesunde Wurzelknolle und schneidet sie in Stücke, wobei sich auf jedem Teilstück mindestens eine Knospe oder ein ›Auge‹ befinden muss. Alle Teile mit sichtbaren Anzeichen von Druckstellen oder Fäulnis wirft man weg. Nach dem Aufteilen der Wurzelknolle stäubt man die Schnittflächen leicht mit Schwefelpulver ein. Dies verringert das Risiko von Fäulnisbefall. Danach lässt man die Teilstücke so lange bei Raumtemperatur in Saatschalen liegen, bis die Oberfläche angetrocknet ist. Erst dann pflanzt man sie.

Wurzelknollen teilen

Die Knollen von Dahlien können zur Vermehrung der Pflanze geteilt werden. Bevor man die Wurzelknolle teilt, lässt man sie etwas treiben, damit die Stellen mit einem kräftigen ›Auge‹ besser zu erkennen sind.

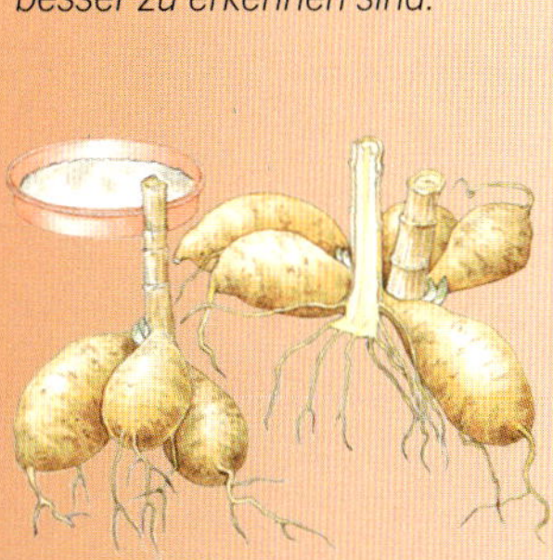

1 *Man setzt die Wurzelknollen in Substrat, bis sie zu treiben beginnen. Sobald die ›Augen‹ zu erkennen sind, trennt man sie mit einem scharfen Messer, wobei jedes Teil ein ›Auge‹ haben sollte. Schnittflächen mit Fungizid bestäuben.*

2 *Jedes Teilstück wird in Substrat eingetopft. Erst wenn kein Frost mehr droht, werden die Pflanzen ins Freie gebracht.*

8 ABLEGER

Die Vorzüge dieser Vermehrungsmethode bestehen darin, dass die zu vermehrende Pflanze nicht geschädigt wird und dass die Ableger erst von der Mutterpflanze getrennt werden, nachdem sie sich bewurzelt haben. Das ist besonders wichtig bei Pflanzen, die man auch auf andere Art und Weise vermehren könnte, wo aber die anderen Techniken weitaus mehr Aufwand verursachen würden. Pflanzen wie Magnolien, Rhododendren und die Zimmerpflanze Gummibaum *(Ficus elastica)*, die sich schlecht aus Stecklingen bewurzeln, können durch Ableger relativ einfach vermehrt werden.

Links: Die Stecklinge von Seidelbast bewurzeln sich generell sehr langsam. Für Ableger eignet sich die Pflanze jedoch gut.

Rechts: Einige Hortensien können durch Abmoosen vermehrt werden, um neue, große Pflanzen zu erzeugen.

Unten rechts: Azaleen haben häufig lange Triebe, die sich gut bis zum Boden biegen lassen.

Die Vermehrung von Pflanzen dient häufig dazu, entweder eine bereits vorhandene Pflanze durch eine jüngere Ausgabe zu ersetzen oder eine neue Pflanzenart im Garten einzuführen. Bei den meisten Pflanzenarten können nur ein oder zwei Ableger von der Mutterpflanze gewonnen werden. Diese können aber relativ groß sein – manchmal bis zu 1,50 m hoch. Pflanzen solcher Größe lassen den Garten voller und üppiger wirken.

Viele aus Stecklingen schwer zu bewurzelnde Pflanzen, scheinen als Ableger leicht Wurzeln zu schlagen. Außerdem bilden junge, zarte Stängel leichter und schneller Wurzeln als alte Zweige, deren Gewebe fest und faserig ist. Durch vollkommenen Lichtabschluss bleiben die jungen Zweige weich und zart. Dies erleichtert es ihnen, schnell Wurzeln zu bilden.

Eine Pflanze, deren Stecklinge sich nicht bewurzeln, kann normalerweise aus Samen gezogen werden. Ein Nachteil ist dabei der lange Zeitraum, der von der Keimung bis zur Blütereife vergeht. Bei manchen Pflanzen – zum Beispiel Glyzinen – kann es 12–15 Jahre dauern, bis ein Sämling dann endlich blüht. Außerdem kann die Blüte nahezu jede Farbe haben, nicht aber notwendigerweise die der Mutterpflanze. Ableger von Glyzinen blühen hingegen in der Regel innerhalb von ein bis zwei Jahren, wobei die neue Pflanze mit absoluter Sicherheit die gleichen Eigenschaften wie die Mutterpflanze aufweist.

Links: *Fothergilla major* ist recht schwierig aus Stecklingen zu vermehren. Für viele Gärtner ist das Ablegen die einzige Möglichkeit.

Unten rechts: *Viburnum opulus* bildet lange, dünne Triebe, die sehr biegsam sind und sich gut zum Absenken eignen.

ARTEN DES ABLEGENS

Es gibt mehrere verschiedene Arten des Ablegens. Einige von ihnen nutzt auch die Natur, beispielsweise wenn sich ein biegsamer Zweig zu Boden senkt und Wurzeln bildet. Zufällig entsteht eine neue Pflanze, die unabhängig von der Mutterpflanze wächst, auch wenn sie an dem ursprünglichen Zweig mit ihr verbunden bleiben kann. Kommerzielle Gärtnereien sehen die Pflanzenvermehrung durch Ableger als letzte Möglichkeit an. Einerseits liegt das an dem Zeitraum, denn manche Pflanzen brauchen bis zu zwei Jahre, bis sie von der Mutterpflanze getrennt werden können. Andererseits können nur wenig Ableger genommen werden und die Ausbeute an neuen Pflanzen ist dementsprechend gering. Für den Hobby-Gärtner kann dies aber von Vorteil sein. Vielleicht wollen Sie nicht so viele Pflanzen, wie man durch Stecklingsvermehrung oder Aussaat erhält – oder Sie haben nicht so viel Platz, sie unterzubringen.

Die verwendete Methode hängt vom Pflanzentypus ab:

- Einfaches Absenken verlangt nicht viel mehr als das Festhaken eines gesunden Triebes in geeigneter Erde.
- Ausläufer pflanzen und das

Zweige fixieren

Mit der Methode des Absenkens wird man nur erfolgreich sein, wenn ein Teil der Pflanze neue Wurzeln bildet, um sich besser mit Nährstoffen versorgen zu können. Diesen Prozess kann man unterstützen, indem man den vergrabenen Abschnitt abschnürt. Aber auch das Entfernen eines schmalen Ringes von Borke, das Umwickeln des Zweiges mit fest zugeschnürtem Draht und das Spalten oder Verdrehen des Zweiges regt ihn zum Bewurzeln an.

Pflanzen, die über Ableger vermehrt werden

Pflanze	Zeit	Art des Ablegens	Bewurzelung
Akebia quinata (Blaugurkenwein)	zeit. Frühj. bis Frühh.	Ausläufer	12–18 Monate
Azalea-Hybriden	Früh- bis Spätwinter	einfach	9–12 Monate
Buxus ssp. (Buchsbaum)	zeit. bis mittl. Frühjahr	Anhäufeln	6–9 Monate
Camellia ssp.	Spätw. bis zeit. Frühj.	einfach	9–12 Monate
Campsis radicans (Trompetenblume)	mittl. Herbst bis Späth.	Ausläufer	9–12 Monate
Chimonanthus praecox (Winterblüte)	Hoch- bis Spätsommer	einfach	18–24 Monate
Clematis ssp.	mittl. Herbst bis Späth.	Ausläufer	9–12 Monate
Daphne ssp.	Früh- bis Hochsommer	einfach	6–9 Monate
Ficus elastica (Gummibaum)	mittl. Frühj. bis Späts.	Abmoosen	6–9 Monate
Fothergilla ssp.	Späts. bis Frühherbst	einfach	12–18 Monate
Hamamelis ssp. (Zaubernuss)	zeit. bis mittl. Frühjahr	Abmoosen	12–18 Monate
Jasminum nudiflorum (Winterjasmin)	zeit. bis mittl. Frühjahr	einfach	6–9 Monate
Magnolia ssp.	zeit. bis mittl. Frühjahr	einfach	12–18 Monate
Magnolia ssp.	mittl. Frühj. bis Späts.	Abmoosen	18–24 Monate
Parrotia persica (Eisenholzbaum)	zeit. bis mittl. Frühjahr	einfach	12–18 Monate
Rhododendron ssp.	zeit. bis mittl. Frühjahr	einfach	12–18 Monate
Rubus ssp. (Brombeere, Loganbeere)	zeit. Frühj. bis Hochs.	Absenken d. Spitze	3–16 Monate
Viburnum ssp.	zeit. bis mittl. Frühjahr	einfach	9–12 Monate
Vitis ssp. (Wein)	Frühw. bis Spätwinter	Ausläufer	9–12 Monate
Wisteria ssp.	zeit. bis mittl. Frühjahr	Ausläufer	12–18 Monate

Ablegen von Spitzen ähnelt dem einfachen Absenken, bei dem biegsame Triebe im Boden vergraben werden.

- Abmoosen wird bei Pflanzen wie dem Gummibaum *(Ficus elastica)* angewendet, die aufrechte Zweige haben und sich nicht zu Boden biegen lassen.
- Anhäufeln wird bei Zwerggehölzen wie Rhododendren und einigen Zwergkoniferen eingesetzt.
- Auf den Stock setzen ist eine besondere Technik, die für manche Ziersträucher wie *Cornus* ssp. gut geeignet ist.

Einfaches Absenken

Einfaches Absenken ist eine der am leichtesten zu beherrschenden, weil risikolosen Vermehrungstechniken. Man biegt einen Trieb zum Boden hinab und hakt ihn fest, sodass er Erdkontakt hat. Man trennt ihn jedoch so lange nicht von der Mutterpflanze ab, bis er wirklich Wurzeln gebildet hat. Wenn er sich nicht bewurzelt, kann man den Trieb wieder lösen, ihn normal weiterwachsen lassen und den Vorgang mit einem anderen Zweig wiederholen. Da dies ein langsamer Prozess ist, sollte man Geduld haben. Bei großen, eingewachsenen Pflanzen kann man, statt nur immer einen Trieb abzusenken, mehrere Triebe gleichzeitig herabbiegen. So kann man fast sicher sein, dass wenigstens einer auf Anhieb wurzelt.

Links: Blaugurkenwein *(Akebia quinata)* bewurzelt sich leicht aus Ablegern, die man von nicht blühenden Trieben macht.

Rechts: Zaubernuss *(Hamamelis mollis)* kann aus Stecklingen und durch Pfropfen vermehrt werden. Um die Anzahl der Pflanzen zu vervielfachen, ist Absenken aber noch immer eine beliebte Technik.

EINFACHES ABSENKEN

Das einfache Absenken ist ein unkomplizierter Vorgang. Zunächst wird ein Zweig auf Bodenniveau herabgebogen, bis sich die neue Pflanze ausreichend bewurzelt hat, um ein Umpflanzen gut zu überstehen.

Es kann länger als ein Jahr dauern, bis man die neue Pflanze abtrennen und an einen anderen Standort pflanzen kann. Die beste Zeit für das Absenken ist das Frühjahr. Man kann es aber auch zwischen Spätherbst und zeitigem Frühjahr versuchen.

Einen Trieb auswählen

Der Trieb muss jung und biegsam sein, um seitlich abgebogen werden zu können. Daher sucht man nach einem langen, geraden, diesjährigen Trieb ohne Verzweigungen und biegt ihn probeweise, um seine Flexibilität zu prüfen – auf keinen Fall will man einen zu holzigen Trieb abknicken. Hat man sich für einen Trieb entschieden, sucht man nach einem etwa 45 cm von der Triebspitze entfernten Blattknoten. Man biegt den Trieb zu Boden und markiert die Stelle, an der er den Boden berührt.

Den Boden vorbereiten

Nachdem die Stelle markiert wurde, an dem der Blattknoten auf den Boden trifft, bereiten Sie diese vor: Zunächst werden Unkraut und Steine beseitigt. Dann graben Sie ein etwa 15 cm tiefes Loch. Die Seite, die sich in der Nähe der Mutterpflanze befindet, sollte in einem Winkel von 45 Grad abgeschrägt sein und die von der Pflanze am weitesten entfernte Seite senkrecht. Aus festem, verzinktem Draht biegen Sie einen U-förmigen Haken, um damit den Zweig zu fixieren.

Die neue Pflanze kann sich auch gleich in einem Topf mit Substrat statt im Erdboden bewurzeln. Dazu wählen Sie einen großen Topf, in dem sich die Wurzeln des Absenkers gut entwickeln können und versenken das Gefäß soweit im Boden, dass es standfest ist. Dann fixieren Sie den Zweig darin.

Den Absenker machen

Man biegt den Zweig nach unten und legt ihn in das Loch, sodass der ausgewählte Blattknoten am Fuß des Loches liegt. Die Spitze des Triebes wird durch die senkrechte Wand des Loches in die Höhe gedrückt. Mit dem U-förmigen Haken, den man direkt über dem Blattknoten fest in die Erde drückt, fixiert man den Zweig. Dann füllt man das Loch über dem Zweig mit lockerer Erde und drückt sie leicht an. Damit die

Triebspitze nicht zu sehr vom Wind bewegt wird, bindet man sie an einen kurzen Stab.

Um den Vorgang zu beschleunigen und die Chancen für eine Bewurzelung zu erhöhen, kann der Zweig an der Stelle, wo er im Boden fixiert ist, angeritzt werden. Die Pflanze wird daraufhin, wie dies bei Stecklingen auch der Fall ist, Hormone produzieren, die eine Heilung der verletzten Stelle beschleunigen. Hierfür benutzt man ein scharfes, sauberes Messer und schabt direkt unterhalb des ausgewählten Blattknotens etwas Borke vom Zweig.

Nachsorge

Für eine schnelle und erfolgreiche Bewurzelung des Absenkers sollte der Boden feucht gehalten werden. Nach etwa einem Jahr wird es dann soweit sein. Trotzdem sollte man mit dem Ausgraben bis zum Frühjahr warten. Das kann dazu führen, dass man den Absenker bis zu 18 Monaten unter der Erde lässt. Wenn man die neue Pflanze umpflanzen möchte, gräbt man vorsichtig um sie herum und prüft, ob sich Wurzeln gebildet haben. Oft kann man das aber bereits durch das Maß des Neuzuwachses sagen. Wenn dies nicht der Fall ist, löst man den Zweig und versucht es erneut mit einem anderen.

Wenn der Absenker Wurzeln gebildet hat, schneidet man den zur Mutterpflanze führenden Zweig dicht an der neuen Pflanze ab. Beim Ausgraben nimmt man möglichst viel vom Wurzelballen des Absenkers mit und pflanzt ihn in seine neue Umgebung.

Aufnehmen und verpflanzen

Das Schwierigste bei dieser Methode ist zu entscheiden, wann die neue Pflanze ausreichend Wurzeln gebildet hat, um sich selbst versorgen zu können. Um die Sache noch komplizierter zu machen, scheint jede Pflanze unterschiedlich viel Zeit zur Bildung eines neuen Wurzelsystems zu brauchen.

In der Regel gilt: Je langsamer eine Pflanze wächst, desto mehr Zeit braucht ein Absenker, um sich zu bewurzeln. Die meisten verholzenden Pflanzen brauchen mindestens ein Jahr, bis der Absenker Wurzeln bildet und man ihn ohne Bedenken von der Mutterpflanze trennen kann. Nachdem der Absenker dann abgetrennt wurde, sollte er zunächst an Ort und Stelle bleiben, um dort etwa sechs Monate zu wachsen. Erst nach dieser Zeit sollte man ihn aufnehmen und verpflanzen. Im Idealfall geschieht dies in der Ruhezeit der Pflanze.

Einfaches Absenken

Ein Absenker kann ein Jahr und länger brauchen, bis er sich bewurzelt. Die neue Pflanze ist identisch mit der Mutterpflanze.

***1** Man wählt einen geeigneten Zweig und biegt ihn so weit nach unten, bis er die Erde mit einer Stelle berührt, die mindestens 30 cm von der Triebspitze entfernt ist. Dann gräbt man ein etwa 15 cm tiefes Loch. Die Seite, die sich in der Nähe der Mutterpflanze befindet, sollte in einem Winkel von 45 Grad abgeschrägt sein und die von der Pflanze am weitesten entfernte Seite senkrecht. Der Zweig wird dort mit einem U-förmigen Haken fixiert.*
***2** Um den Trieb herum wird die Erde wieder aufgefüllt und die Stelle gut festgedrückt. Der aufrechte Trieb des Absenkers wird an einen senkrechten Stab gebunden, damit er gerade wächst und vom Wind nicht zu stark bewegt wird.*

Links: Gartennelken bilden leicht Ausläufer, vorausgesetzt, der Boden ist gut durchlässig.

AUSLÄUFER

Diese Ablege-Technik ähnelt dem einfachen Absenken, wobei man hierbei versucht, mehrere neue Pflanzen von einem Zweig zu ziehen. Am häufigsten wird dies bei Pflanzen angewendet, die lange, biegsame, hängende Zweige haben wie *Clematis, Glyzine* und Kletterrosen. Man zieht den Zweig auf Bodenniveau und fixiert ihn in gewissen Abständen der Länge nach.

Man beginnt damit, den ausgewählten Zweig anzuritzen. Die Rillen sollten an einem Internodium, also zwischen zwei Blattknoten angebracht werden. Danach gräbt man unterhalb des Zweiges in regelmäßigen Abständen flache, 10–15 cm tiefe Löcher. In diese Löcher wird der angeritzte Zweig gelegt und zwar so, dass jede verwundete Stelle auf dem Grund eines Loches liegt, der Trieb dazwischen aber über der Erde bleibt. Mit einem Haken fixiert man den Zweig und füllt die Löcher Substrat. Die Spitze des Triebes darf nicht abgesenkt werden, denn dies würde dazu führen, dass nur die Spitze des Triebes statt der fixierten Zweigabschnitte sich bewurzeln würde.

Ausläufer gewinnen gleicht dem Prinzip des einfachen Absenkens. Allerdings wird hier der Zweig an mehreren Stellen angeritzt und so in der Erde fixiert, dass zwischen jedem Verletzungspunkt mindestens eine Blattknospe sitzt.

Absenken von Spitzen

Pflanzen wie Brombeeren und Loganbeeren können zur Züchtung neuer Pflanzen allein mit der Triebspitze abgesenkt werden.

Das Absenken von Spitzen ist eine Technik, die den natürlichen Vermehrungsprozess der Pflanze nachahmt. Der Vorgang ist im Grunde genommen der gleiche wie beim einfachen Absenken. Um die Bewurzelung zu fördern, kann man den Zweig anritzen.

Man gräbt im Spätfrühjahr ein 10–13 cm tiefes Loch, biegt einen kräftigen, gesunden Trieb nach unten und legt dessen Spitze in das Loch. Diese Triebspitze wird mit einem U-förmigen Haken aus verzinktem Draht fixiert. Dann füllt man das Loch mit feinem, gut durchlässigem Substrat, bis die Triebspitze völlig bedeckt ist und hält die Stelle den Sommer über feucht. Im Herbst wird die Triebspitze ausgegraben und geprüft, ob sie sich bewurzelt hat: Sollte sie sich nicht bewurzelt haben, bindet man sie zum Weiterwachsen hoch. Bei erfolgreicher Bewurzelung trennt man die abgesenkte Spitze von der Mutterpflanze. Die neue Pflanze kann komplett mit Wurzeln eingepflanzt werden.

Das Absenken der Spitze ist eine Technik, die den natürlichen Vermehrungsprozess von *Rubus* ssp. nachahmt. Wenn man die Zweigspitze vergräbt, verdickt sie sich und entwickelt Wurzeln, die mit der Zeit eine neue Pflanze bilden.

Ausläufer von Garten- und Polsternelken gewinnen

Es ist üblich, dass Nelken durch Ausläufer vermehrt werden. Bevor man anfängt, sollte man zusätzlich Torf und Sand in den Boden um die Nelke herum einarbeiten.

***1** Man entfernt die unteren Blätter der Pflanze und lässt an der Spitze vier bis fünf Blattpaare stehen. Mit einem scharfen Messer schneidet man den Stängel von dem ersten blattlosen Knoten bis zum zweiten ein, der somit eine Zunge bildet.*

***2** Der Stängel wird mit einem U-förmigen Haken im Boden fixiert. Seine Spitze wird von einem Stab aufrecht gehalten. Der Stängel bewurzelt sich innerhalb von sechs Wochen und kann dann zum Eintopfen von der Mutterpflanze abgetrennt werden.*

Links: Magnolien können in den Boden abgesenkt werden. Wenn die Zweige jedoch zum Biegen zu steif sind, kann man Magnolien auch abmoosen.

ABMOOSEN

Abmoosen ist eine Technik, die bei der Vermehrung mancher Zimmerpflanzen wie Gummibaum *(Ficus elastica)* und einigen Freilandpflanzen wie Magnolien angewendet wird. Wie beim einfachen Absenken wird die neue Pflanze erst nach erfolgreicher Bewurzelung von der Mutterpflanze getrennt. Abmoosen ist eine recht unkomplizierte Art und Weise, wie man ziemlich zuverlässig zu Ablegern kommen kann. Diese Methode ist bei der Vermehrung von Pflanzen mit aufrechten Trieben nützlich, die sich nicht leicht biegen lassen, wie etwa Magnolien und Zaubernuss (*Hamamelis* ssp.) sowie bei Zimmerpflanzen, die zu groß für ihre Umgebung geworden sind wie der Gummibaum *(Ficus elastica)*. Als Werkzeug braucht man ein Messer, einen Pinsel, Bewurzelungspulver, Torfmoos, eine Plastiktüte, zwei Schnüre und, falls gewünscht, ein sauberes Streichholz.

Vorbereiten des Zweiges

Für die Bewurzelung eignet sich ein junger, noch weicher Trieb – der Ableger bewurzelt sich an harten Zweigen nur schwer. Beim Gummibaum *(Ficus elastica)* wählt man eine etwa 30 cm von einer Triebknospe entfernte Stelle. Besonders bei Freilandpflanzen ist es wichtig, den Algen- oder Erdbelag zu entfernen. Deshalb wird der für das Abmoosen gewählte Zweigabschnitt zwischen zwei Blattknoten sauber gerieben.

Man bedeckt die angeritzte Stelle des Zweiges mit einer Plastikmanschette, die mit Torfmoos gefüllt ist. Nach und nach werden die Wurzeln durch das Plastik sichtbar.

Das Abmoosen

Hierzu schneidet man einen Zweig mit einem scharfen Messer schräg ein. Ein Drittel des Zweigdurchmessers sollte stehen bleiben. Notfalls wird bei dünnen Zweigen ein Stock als Stütze entlang des verletzten Zweigabschnittes gebunden, um ein Abbrechen des Zweiges zu verhindern. Mit einem Knebel aus Torfmoos oder einem Streichholz spreizt man die Wunde leicht. Dann wird der obere Teil vorsichtig zurück gebogen, um den Spalt zu öffnen und mit einem sauberen Pinsel etwas Bewurzelungspulver auf die Schnittfläche aufgetragen. Von einer kleinen Plastiktüte beispielsweise einem Gefrierbeutel schneidet man den Boden heraus und streift den Plastikschlauch vorsichtig von oben über den Trieb bis dahin, wo man den Schnitt am Zweig gemacht hat. Mit einem Bindfaden wird der Schlauch direkt unterhalb des Schnittes gut befestigt. Dann füllt man die Tüte mit Torfmoos, sodass es ganz um den eingeschnittenen Zweig reicht. Mit dem zweiten Bindfaden wird die Tüte am oberen Ende des Zweiges verschlossen.

Nachsorge

In den folgenden Wochen wird die Tüte regelmäßig kontrolliert. Es sollte darauf geachtet werden, dass das Moos um den Schnitt immer feucht bleibt. Es wird einige Wochen dauern, bevor irgendetwas zu sehen sein wird. Bei Freilandpflanzen kann dies sogar bis zu sechs Monaten dauern.

Wenn der Ableger Wurzeln bildet, sieht man sie durch das Moos in der Tüte wachsen. Jetzt kann man den Ableger direkt unterhalb der neuen Wurzeln von der Mutterpflanze abtrennen. Man entfernt die Tüte und topft die neue Pflanze in frisches Substrat. Anfangs, solange die Wurzeln sich an das neue Substrat gewöhnen, ist sie noch empfindlich, deshalb hält man auch Freilandpflanzen für weitere vier bis sechs Wochen an einem geschützten Ort.

Erscheinen keine Wurzeln, entfernt man die Tüte und das Moos und kontrolliert den Schnitt: Ist er noch feucht und weist verdicktes Kallusgewebe auf (das Stadium, bevor Wurzeln erscheinen), so ersetzt man die Verpackung durch eine neue Tüte und frisches Moos. Ist der Zweig hingegen wieder zusammengeheilt, nimmt man die Moosverpackung ab und versucht sein Glück mit einem anderen Trieb.

Die Wirkung von Pflanzensaft

Manche Pflanzen erzeugen bei Verletzungen milchiges, weißes Gummi – ihren Pflanzensaft. Um den Saft zu entfernen, benetzt man die Schnittfläche mehrmals mit Wasser. Denn trocknet dieser an der Schnittfläche des Zweiges an, so kann das die Wundheilung und Wurzelbildung hemmen oder sogar verhindern.

Links: Heidekrautgewächse wie diese *Erica cinerea* 'Heathfield' werden oft durch Anhäufeln vermehrt.

ANHÄUFELN

Das Anhäufeln ist eine Technik des Ablegens, die man oft für die Vermehrung von niedrig wachsenden Pflanzen wie Kräutern, Erika und Zwergrhododendren benutzt, deren Zweige nicht lang genug sind, um sie zu Boden zu biegen. Diese verzweigten, strauchigen Pflanzen neigen mit den Jahren dazu, von innen her zu verkahlen. Statt sie herauszureißen und im Gartencenter neue zu kaufen, kann man sie auch einfach vermehren.

Vorbereiten der Pflanze

Schneiden Sie die Mutterpflanze im Herbst kräftig zurück. Dadurch regen Sie den Austrieb neuer Zweige an. Sie können natürlich auch ältere, ungeschnittene Zweige für das Anhäufeln nutzen. Mit etwas Glück könnten sich diese auch bewurzeln, aber niemals so gut wie die jungen Triebe.

Im Frühjahr wird die Pflanze ausgegraben, wobei man darauf achtet, dass reichlich Erde um den Wurzelballen bleibt. In ein ausreichend großes Loch wird die Pflanze eingesetzt. Nur die Spitzen der Zweige sollten noch 3–5 cm über der Erdoberfläche herausschauen. Schließlich füllt man das Loch auf, befreit die Blätter von der Erde und drückt sie fest.

Statt die Pflanze in ein Loch zu versenken, kann man sie auch in mehreren Schritten anhäufeln, bis die Zweigspitzen nur noch knapp über die Erde hinausragen. Das weitere Vorgehen ist dann genau das Gleiche wie bei der versenkten Pflanze.

Pflege im Sommer

Während der Wachstumszeit muss die Pflanze ausreichend gegossen werden, sodass die Wurzelbildung angeregt wird. Gut durchlässige Böden eignen sich besser zum Anhäufeln, trocknen aber auch schneller aus.

Abnehmen der Ableger

Im Herbst gräbt man die ganze Pflanze aus, wobei man feststellen wird, dass die meisten Zweige etwa 3–5 cm unterhalb der Erdoberfläche Wurzeln gebildet haben. Man trennt jedes Teilstück mit reichlich Wurzeln ab und topft entweder die neuen Pflanzen ein oder pflanzt sie in den Garten. Sofern ausreichend Platz vorhanden ist, kann man die neuen Pflanzen auch um die alte Pflanze herum wachsen lassen. Sie werden diese mit der Zeit überwuchern und eine eindrucksvolle, farbige Drift entstehen lassen.

Gegenargumente

Das Hauptproblem beim Anhäufeln ist, dass die Mutterpflanze

dabei entweder abstirbt oder sich nach dem Ausgraben in sehr schlechtem Zustand befindet. Ein weiteres Manko kann die Form und das Aussehen der erzeugten Ableger sein. Die Verfassung der Mutterpflanze entscheidet über das Aussehen der neuen Pflanzen. Wurde die Mutterpflanze nicht ausreichend zurückgeschnitten, und sind ihre Zweige struppig und unförmig, so werden auch die neuen Pflanzen recht unschön aussehen. Um eine ansehnliche Form zu bekommen, benötigen sie im ersten und manchmal auch im zweiten Jahr einen gehörigen Rückschnitt.

Anhäufeln

Diese Methode wird häufig bei Heidekraut und Zwergrhododendren angewendet – vor allem im Frühjahr, wenn der Boden nicht mehr gefroren ist, die Pflanzen aber noch nicht zu wachsen begonnen haben.

1 Man vergräbt die Pflanze oder häufelt sie so weit an, dass 3–5 cm der Zweigspitzen über die Erde hinausragen.

2 Im Herbst nimmt man die Pflanze auf und trennt jeden bewurzelten Zweig ab, um ihn zu verpflanzen oder einzutopfen.

Auf den Stock setzen

*Diese Technik wird verwendet, um Pflanzen wie Flieder (*Syringa *ssp.), Weide (*Salix *ssp.), Hartriegel (*Cornus *ssp.), Felsenbirne (*Amelanchier *ssp.) und Perückenstrauch (*Cotinus coggygria*) zu vermehren. Die Mutterpflanze kann in den nachfolgenden Jahren eine Abfolge neuer Pflanzen erzeugen.*

1 Man schneidet während der Ruhezeit alle Zweige auf 5 cm über dem Boden zurück.

2 Wenn neue Triebe erscheinen, häufelt man sie mit Erde an. Das Anhäufeln wird fortgesetzt, bis 20 cm des Zweiges eingegraben sind. Im Frühwinter wird vorsichtig die angehäufelte Erde entfernt und die bewurzelten Zweige werden abgetrennt.

Links: Pflanzen, die an ernsten Krankheiten wie Rost oder Schädlingsbefall leiden, sollten nicht für die Vermehrung verwendet werden.

Rechts unten: Blattläuse saugen nicht nur den Saft aus den Pflanzen, sondern können auch Krankheiten von einer Pflanze auf die andere übertragen.

PROBLEME ERKENNEN UND BESEITIGEN

Trotz aller Anstrengungen kann es Zeiten geben, wo die selbst vermehrten Pflanzen oder deren Umfeld zum Problemfall werden. Die Kunst besteht darin, den Schaden zu begrenzen. Dies ist viel einfacher, wenn man wachsam ist und das Problem früh genug erkennt. Der meiste Schaden kann dann schnell und einfach behoben werden.

Gärtner geben sich schnell selbst die Schuld, wenn mit ihrer Pflanze etwas schief geht. Dabei kommt es nun mal vor, dass bei einer Pflanze einfach ›der Wurm drin ist‹. Auf die äußeren Faktoren wie das Klima hat man keinen Einfluss. Die Erfolgsrate bei der Pflanzenvermehrung steigt mit zunehmender Erfahrung. Auf alle Fälle sollte man mit dem Material wählerisch sein und alles, was nicht makellos aussieht, wegwerfen. Auch Samen werden nicht zu lange aufbewahrt, da sie mit den Jahren vertrocknen. Die Verpackungen kontrolliert man regelmäßig auf Schimmel.

Eines der am weitesten verbreiteten Probleme ist Pilzbefall. Junge Pflanzen brauchen eine feuchte Umgebung, und in dieser gedeiht der Pilz besonders gut. Solange man sauberes Zubehör und frisches Substrat benutzt, hat man alles getan, um einen Befall zu vermeiden. Sporen können jedoch in die sauberste Umgebung eindringen.

Allerdings wird eine gesunde Pflanze, auch wenn sie noch jung ist, viele Krankheiten abwehren können. Sie erkrankt nur dann, wenn sie durch andere Widrigkeiten bereits geschwächt ist. Nach Meinung vieler kann dies zu wenig oder zu viel Gießen sein. Beides beeinflusst die Zellfunktionen der Pflanze negativ. Sie wird anfälliger und empfindlicher. Wenn sich dann Krankheitserreger entwickeln, kommt es schneller zum Befall.

Belüftung und Temperatur beeinflussen die Ausbreitung von Krankheitserregern ebenfalls. Installiert man eine Zusatzheizung, damit Stecklinge sich schneller bewurzeln oder Samen rascher keimen, so sollte man die Pflanzen besonders gut beobachten. Sobald die Pflanzen bewurzelt sind, muss die Temperatur gesenkt und die Belüftung verbessert werden. Je besser die Luftzirkulation um die Pflanzen herum ist, desto geringer ist das Risiko einer Infektion. Sobald das eigentliche Wachstum begonnen hat, kann man die Pflanzen in eine etwas kühlere Umgebung bringen. Dadurch verschlechtern sich die Bedingungen für Krankheitserreger.

Schädlinge

Blattläuse

Die kleinen, hellgrünen, rosa oder grünlich-schwarzen, geflügelten oder ungeflügelten Insekten können Viruskrankheiten übertragen.
Symptome: Deformierte Triebspitzen und junge Blätter; klebriger Belag auf dem Laub, manchmal mit schwarzem Rußtaupilz.
Vorbeugung: Man entfernt und verbrennt stark befallene Pflanzen.
Bekämpfung: Sobald im Spätfrühjahr die ersten Läuse auftreten, spritzt man regelmäßig mit einem systemischen Insektizid oder einem biologischen Spray auf Rapsöl- oder Schmierseifenbasis, zum Beispiel Spruzit flüssig oder Neudosan Neu.

Raupen

Schmetterlings- oder Nachtfalterraupen haben meist weiche, haarige Körper und dunkelgrüne oder braune Köpfe.
Symptome: In Blätter, Blüten und Samenkapseln gefressene Löcher; die Pflanze kann völlig entlaubt sein.
Vorbeugung: Eine kleine Anzahl von Pflanzen kann man wirksam schützen, indem man die Raupen von Hand absammelt.
Bekämpfung: Bei großflächigem Befall spritzt man gründlich mit einem Raupenspritzmittel (zum Beispiel von Neudorff) oder einem biologischen Mittel auf *Bacillus thuringiensis*-Basis.

Miniermotten

Kleine Insektenlarven fressen sich durch die Blätter und hinterlassen auf ihnen gewundene Gänge. Sie stellen eher eine ästhetische als eine ernste Bedrohung dar.
Symptome: Blassgrüne oder weiße, gewundene Linien auf den Blättern.
Vorbeugung: Sobald man befallene Blätter entdeckt, entfernt man sie.
Bekämpfung: Sobald die Insekten erspäht werden, spritzt man mit einem systemischen Insektizid.

Rote Spinnmilben

Die winzigen Milben saugen Pflanzensaft. Sie können zu einem ernst zu nehmenden Problem werden, wenn ihre Population sich epidemisch ausbreitet.
Symptome: Gelblicher, kümmerlicher Wuchs; eingerollte und gesprenkelte Blätter, bedeckt mit einem feinen Gespinst, das die Brutkolonien schützt.
Vorbeugung: Man besprüht die Blattunterseiten regelmäßig mit Wasser und sorgt für hohe Luftfeuchtigkeit.
Bekämpfung: Man spritzt mit einem Akarizid, sobald man einen Befall bemerkt hat. Wahlweise können zur biologischen Bekämpfung Nützlinge wie etwa Raubmilben eingesetzt werden.

Schildläuse

Die kleinen, gut geschützten Tiere auf Stängeln und Blättern saugen Pflanzensaft und schwächen nach und nach die Pflanze.
Symptome: Kümmerliches Wachstum und Gelbwerden der Blätter; klebriger Belag auf den unteren Blättern, manchmal mit Rußtaupilz.
Vorbeugung: Leimringe um die Stängel verhindern, dass Larven neue Teile der befallenen Pflanze besiedeln.
Bekämpfung: Man bringt im Spätfrühjahr oder Frühsommer ein biologisches Insektizid auf der Basis organischer Fettsäuren oder während des Austriebs ein Mittel auf Paraffinölbasis, zum Beispiel Promanal, aus.

Trauermücken

Winzige schwarze Fliegen, die sich in humosen Substraten entwickeln. Die Larven fressen an Pflanzenwurzeln.
Symptome: Kränkelnder Wuchs und welkende Pflanzen; Sämlin-

Links: Blasenrost breitet sich von totem Holz auf lebendiges Gewebe aus und bringt Äste und Zweige zum Absterben.

ge und Stecklinge haben kümmerliche Wurzelsysteme.
Vorbeugung: Nicht zu viel gießen und ein gut durchlässiges, sterilisiertes Substrat verwenden.
Bekämpfung: Einsatz von Gelbstickern und Nützlingen wie Nematoden und Raubmilben.

Nackt- und Gehäuseschnecken

Nacktschnecken haben schleimige, längliche Körper, wobei das Farbspektrum von cremeweiß bis nachtschwarz reicht. Gehäuseschnecken sehen ähnlich aus, tragen aber ein rundes Haus auf ihrem Rücken.
Symptome: Über Nacht werden Löcher in das Pflanzengewebe gefressen; die angefressenen Sämlinge sind in der Regel nicht mehr zu retten.
Vorbeugung: Eine Barriere aus grobem Kies oder Sand um die Pflanzen herum soll die Schnecken aufhalten.
Bekämpfung: Man verteilt Schneckenkorn um die Pflanzen; Lockfallen aus Grapefruitschalen oder Untertassen mit Bier; als Nützlinge Nematoden einsetzen.

Dickmaulrüssler

Die gelblich-weißen oder braunen Larven fressen Wurzeln, die schwarzbraunen, flugunfähigen Käfer Blätter.
Symptome: Pflanzen welken oder kollabieren, sobald die meisten Wurzeln aufgefressen sind; aus den Blättern sind kleine, halbkreisförmige Kerben gefressen.
Vorbeugung: Man hält die Substratoberfläche frei von Pflanzenresten, unter denen sich weibliche Käfer verstecken könnten.
Bekämpfung: Gießen und besprühen der Pflanzen mit Neembaum-Extrakt; Ausbringen von Nematoden (*Heterorhabditis* ssp. oder *Steinernema* ssp.) bei Bodentemperaturen von mindestens 14 °C.

Weisse Fliegen

Die winzigen, weißen, mottenähnlichen Insekten drängen sich auf den Blattunterseiten und saugen Pflanzensaft.
Symptome: Häufig lässt das Wachstum nach und es kann zu Erkrankungen kommen, da diese Insekten Viren von einer Pflanze auf die andere übertragen.
Vorbeugung: Das Anpflanzen von Studentenblumen in der Nähe der Pflanzen lenkt die Insekten ab.
Bekämpfung: Unter Glas setzt man die Schlupfwespe *Encarsia formosa* gegen die Larven der Fliegen ein.

Krankheiten

Botrytis (Grauschimmel)

Findet man auf Blüten, Blättern oder Stängeln faulige, mit dichtem, grauem, teils staubigem Schimmel belegte Stellen, so handelt es sich hierbei um die Fruchtkörper des Schadpilzes.
Symptome: Entfärbte, vergilbte Blätter, die absterben; Stängel können am Boden abfaulen; die Pflanze ist mit einem grauen, filzigen Schimmel überzogen.

Vorbeugung: Befallene Pflanzen werden sofort entfernt; sorgen Sie für gute Luftzirkulation.
Bekämpfung: Sobald man Krankheitssymptome beobachtet, spritzt man ein zugelassenes Fungizid gegen Grauschimmel.

Rotpustelpilz

Obwohl dieser Pilz üblicherweise totes Holz befällt, kann er auch lebendiges Gewebe angreifen, darunter Stecklinge und Ableger.
Symptome: Einzelne Äste welken im Hochsommer; unter der Borke kann man graubraune Flecken finden; im Herbst ist der Ast mit kleinen, lachsrosa Pusteln bedeckt.
Vorbeugung: Man schneidet die Pflanzen im Sommer zurück; altes Schnittgut wird beseitigt.
Bekämpfung: Infiziertes Material muss so rasch wie möglich entfernt und verbrannt werden.

Welkepilze

Dieses Pilzproblem tritt besonders bei Sämlingen auf.
Symptome: Die Spitzen der Sämlinge welken, rollen sich ein und sterben ab; breitet sich rasch auf die ganze Kultur aus.
Vorbeugung: Man sorgt für eine gute Luftzirkulation und vermeidet zu viel Feuchtigkeit; verwenden Sie sterilisiertes Substrat.
Bekämpfung: Man spritzt mit einem geeigneten Fungizid, zum Beispiel Kupferkalk Atempo.

Falscher Mehltau

Dieser Pilz befällt Blätter und Stängel und kann auch im Substrat oder in Pflanzenrückständen überwintern.
Symptome: Entfärbte, vergilbte Blätter mit weißen Flecken auf der Unterseite; oft sterben die Pflanzen im Herbst langsam ab.
Vorbeugung: Nicht zu dicht pflanzen; kein unsterilisiertes Substrat verwenden.
Bekämpfung: Bei hohem Befallsdruck möglichst vorbeugende Spritzungen mit speziellen Fungiziden gegen Falschen Mehltau u. a. auf Kupferbasis.

Echter Mehltau

Die parasitäre Pilzerkrankung befällt weiches Gewebe in den Blättern und ernährt sich von der Pflanze.
Symptome: Auf jungen Blättern erscheinen weiße, mehlige Flecken; Triebe werden deformiert; verfrühter Laubfall.
Vorbeugung: Infizierte Stängel werden im Herbst zurückgeschnitten, um zu verhindern, dass Sporen überwintern.
Bekämpfung: Beim ersten Auftreten von Schäden mehrfach aufeinander folgende Spritzungen mit Fungiziden, zum Beispiel auf Lecithin-Basis. Ein regelmäßiger Wechsel des Präparates verhindert Resistenzen.

Wurzelfäule

Die Wurzeln werden von Sporen angegriffen, die sowohl im Substrat als auch in infiziertem Pflanzenmaterial heranreifen.
Symptome: Das Laub vergilbt; die Zweige sterben von der Spitze her ab; befallene Wurzeln werden in der Regel schwarz.
Vorbeugung: Man vermeidet zu viel gießen und verbessert die Dränage; verwenden Sie nur sterilisiertes Substrat.
Bekämpfung: Entfernen und verbrennen Sie befallene Pflanzen; wählen Sie Züchtungen, die als tolerant oder resistent gelten.

Rost

Diese Pilzkrankheit befällt mehrere Pflanzen, darunter Rosen; sie schwächt den Wuchs und führt zu vorzeitigem Laubfall.
Symptome: Gelbe Flecken auf der Blattoberseite; orangerote oder braune Sporenlager auf der Unterseite.
Vorbeugung: Pflanzen in ausreichend großem Abstand zueinander pflanzen.
Bekämpfung: Alle befallenen Pflanzenteile werden von Hand entfernt; bei hohem Befallsdruck sollten die Pflanzen mit einem Fungizid gegen Rost gespritzt werden; ein regelmäßiger Wechsel des Präparates verhindert die Bildung von Resistenzen.

Bleiglanz

Dieser Pilz befällt das holzige Gewebe sowohl von Zier- als auch Obstgehölzen.
Symptome: Die Blätter eines infizierten Baumes bekommen einen silbrigen Schimmer; Äste sterben ab; am Stamm treten braunviolette Male auf.
Vorbeugung: Man verlegt den Rückschnitt auf den Sommer, wenn weniger Pilzsporen in der Luft sind.
Bekämpfung: Infizierte Äste von ansonsten gesunden Bäumen werden zurückgeschnitten; stark befallene Bäume müssen gefällt und verbrannt werden.

Viren

Viren werden oft von saugenden Schädlingen wie Blattläusen von einer Pflanze auf die andere übertragen und lösen mikroskopische Infektionen aus.
Symptome: Blätter (und Blüten) sind klein, deformiert oder in Rosetten angeordnet; gelbe, entfärbte Muster auf den Blättern.
Vorbeugung: Kauf von virenfreien Pflanzen; Bekämpfen von möglichen Überträgern; Jäten von Unkraut, das Viren beherbergen könnte.
Bekämpfung: Befallene Pflanzen müssen möglichst rasch entfernt und verbrannt werden. Sie sollten nicht zur Vermehrung benutzt werden.

Im Uhrzeigersinn von rechts:
Acer palmatum 'Lutescens', *Papaver somniferum*, *Dianthus* 'Diane'.

PFLANZENVERZEICHNIS

Einige der häufigsten Pflanzen in unseren Gärten sind vor allem deshalb so beliebt, weil sie ohne großen Aufwand zu züchten und zu vermehren sind. Manche Forsythien können durch vier verschiedene Arten von Stecklingen vermehrt werden, sodass man sie leicht das ganze Jahr über züchten kann.

Statt die Kunst der Vermehrung zu einer komplizierten Angelegenheit zu machen, sollte man, besonders wenn man Anfänger ist, lieber die einfachen Techniken und Möglichkeiten anwenden, mit denen man gut zurecht kommt.

Es gibt ein breites Spektrum von Pflanzen, die bei ihrer Vermehrung im Garten nur wenig zusätzlichen Platz brauchen. Pflanzen, die sich nur langsam bewurzeln, dafür aber nicht viel Wärme benötigen, gedeihen oft gut in einem Frühbeet. Und die Pflanzen, die etwas mehr Wärme brauchen, keimen und bewurzeln sich schnell auf dem Fensterbrett in der Küche.

Einjährige und Stauden

Pflanze	Methode	Zeit	Ort	Dauer
Acanthus ssp. (Bärenklau)	Teilung	Frühjahr oder Herbst	Gartenboden	6–8 Monate
Achillea ssp. (Schafgarbe)	Teilung	Frühjahr	Gartenboden	6–8 Monate
Agapanthus ssp. (Schmucklilie)	Teilung	Frühjahr	Gartenboden	6–8 Monate
Alchemilla mollis (Frauenmantel)	Teilung	Frühjahr oder Herbst	Gartenboden	6–8 Monate
Anemone x *hybrida*	Teilung	Frühjahr oder Herbst	Gartenboden	6–8 Monate
Antirrhinum-Hybriden	Aussaat	Sommer bis Herbst oder Frühjahr	Fensterbank	2–3 Monate
Aquilegia ssp.	Teilung	Frühjahr	Gartenboden	6–8 Monate
Aster ssp.	Teilung	Frühjahr	Gartenboden	6–8 Monate
Bassia ssp.(Dornmelde)	Aussaat	Frühjahr	Fensterbank	2–3 Monate
Begonia ssp.	Aussaat	Winter	Fensterbank	2–3 Monate
Bergenia ssp.	Teilung	Frühjahr oder Herbst	Gartenboden	2–3 Monate
Calendula ssp.	Aussaat	Frühjahr oder Herbst	Gartenboden	2–3 Monate
Capsicum annuum	Aussaat	Winter	Fensterbank	2–3 Monate
Chrysanthemum-Hybriden	Grünsteckl.	Winter bis Frühjahr	Fensterbank	2–3 Monate
Clarkia amoena (Godetie)	Aussaat	Herbst oder Frühjahr	Gartenboden	2–3 Monate
Convallaria majalis (Maiglöckchen)	Teilung	Herbst	Gartenboden	6–8 Monate
Cosmos ssp.	Aussaat	Spätfrühjahr	Gartenboden	2–3 Monate
Delphinium-Hybriden	Grünsteckl.	zeitiges Frühjahr	Gartenboden	6–8 Monate
Dianthus ssp. (Nelke)	Grünsteckl.	Sommer	Fensterbank	2–3 Monate
Digitalis purpurea (Fingerhut)	Aussaat	Spätfrühjahr	Gartenboden	12 Monate
Echinacea purpurea (Roter Sonnenhut)	Teilung	Herbst oder Frühjahr	Gartenboden	6–8 Monate
Eremurus-Hybriden (Steppenkerze)	Teilung	Herbst	Gartenboden	6–8 Monate
Eschscholzia californica (Goldmohn)	Aussaat	Frühjahr oder Herbst	Gartenboden	2–3 Monate
Fragaria ssp.(Erdbeere)	Ausläufer	Sommer	Gartenboden	8–12 Monate
Fuchsia-Hybriden	Grünsteck.	Frühjahr	Fensterbank	1 Monat
Geranium ssp.	Teilung	Sommer	Gartenboden	1 Monat
Gypsophila ssp.	Grünsteckl.	Sommer	Frühbeet	2–3 Monate
Helleborus ssp.	Teilung	Frühjahr oder Späts.	Gartenboden	12 Monate
Hemerocallis-Hybriden (Taglilie)	Teilung	Frühjahr oder Herbst	Gartenboden	6–8 Monate
Hosta-Hybriden	Teilung	Spätsommer	Gartenboden	6–8 Monate
Impatiens balsamina	Aussaat	zeitiges Frühjahr	Fensterbank	2–3 Monate
Iris germanica	Teilung	Spätsommer bis Frühherbst	Gartenboden	12 Monate
Lathyrus odoratus (Duftwicke)	Aussaat	Frühjahr	Fensterbank	2–3 Monate
Lobelia erinus-Hybriden	Aussaat	Spätwinter	Fensterbank	2–3 Monate
Matthiola incana	Aussaat	zeitiges Frühjahr	Gartenboden	2–3 Monate
Nicotiana ssp.	Aussaat	Frühjahr	Fensterbank	2–3 Monate
Papaver (einjährig) ssp.	Aussaat	Frühjahr	Gartenboden	2–3 Monate
Papaver (mehrjährig) ssp.	Teilung	Frühjahr	Gartenboden	12 Monate
Pelargonium-Hybriden	Grünsteckl.	Frühjahr, Sommer oder Herbst	Fensterbank	1 Monat

Petunia-Hybriden	Aussaat	Herbst oder Frühjahr	Fensterbank	2–3 Monate
Phlox-Hybriden	Wurzel-schnittlinge	Frühjahr oder Frühherbst	Frühbeet	8–12 Monate
Salvia (einjährig) ssp.	Aussaat	Frühjahr	Fensterbank	2–3 Monate
Saxifraga ssp.	Ableger	Frühjahr oder Sommer	Gartenboden	1–3 Monate
Schizostylis coccinea	Teilung	Frühjahr	Gartenboden	12 Monate
Sedum spectabile	Teilung	Frühjahr	Gartenboden	8–12 Monate
Sempervivum ssp.	Ableger	Frühjahr	Gartenboden	1–3 Monate
Tagetes ssp.	Aussaat	Spätfrühjahr	Gartenboden	2–3 Monate
Tropaeolum-Hybriden	Aussaat	Frühjahr	Gartenboden	2–3 Monate
Viola wittrockiana-Hybriden	Aussaat	Winter oder Frühjahr	Gartenboden	8–12 Monate

Zwiebeln, Spross- und Wurzelknollen

Pflanze	Methode	Zeit	Ort	Dauer
Allium ssp.	Teilung	Frühjahr	Gartenboden	2–3 Monate
Begonia tuberosa-Hybriden	Teilung	Frühjahr	Fensterbank	3–4 Monate
Crocosmia-Hybriden	Teilung	Frühjahr	Gartenboden	12 Monate
Cyclamen persicum	Aussaat	Sommer	Fensterbank	6–8 Monate
Dahlia-Hybriden	Teilung	Frühjahr	Gartenboden	6–8 Monate
Galanthus ssp. (Schneeglöckchen)	Teilung	Spätfrühjahr	Gartenboden	12 Monate
Gladiolus-Hybriden	Brutknollen	Frühjahr	Gartenboden	1–3 Monate
Lilium ssp.	Abschuppen	Spätsommer	Fensterbank	3–4 Monate

Gräser und Bambus

Pflanze	Methode	Zeit	Ort	Dauer
Briza ssp.	Teilung	Frühjahr bis Sommer	Gartenboden	4–6 Monate
Cortaderia ssp. (Pampasgras)	Teilung	Frühjahr	Gartenboden	6–8 Monate
Fargesia ssp. (Bambus)	Teilung	Frühjahr	Gartenboden	6–8 Monate
Miscanthus ssp.	Teilung	Frühjahr	Gartenboden	4–6 Monate
Phyllostachys ssp.	Teilung	Frühjahr	Gartenboden	6–8 Monate

Kletterpflanzen

Pflanze	Methode	Zeit	Ort	Dauer
Clematis-Hybriden	Grünsteckling	Frühjahr	Fensterbank	6–8 Monate
Hedera ssp. (Efeu)	halbreifer Steckling	Sommer	Frühbeet	4–6 Monate
Lonicera ssp.	verholzter Steckling	Herbst	Gartenboden	12 Monate
Vitis ssp.	verholzter Steckling	Spätwinter	Frühbeet	12 Monate
Wisteria ssp.	Ausläufer	Herbst	Gartenboden	8–12 Monate

Bäume und Sträucher

Pflanze	Methode	Zeit	Ort	Dauer
Acer ssp. (Ahorn)	Ableger	Herbst	Gartenboden	12–18 Monate
Azalea-Hybriden	Ableger	Herbst	Gartenboden	12–18 Monate
Berberis ssp.	halbr. Steckling	Sommer	Frühbeet	18 Monate
Buddleja ssp.	verh. Steckling	Herbst bis Frühj.	Gartenboden	12 Monate
Buxus ssp. (Buchsbaum)	halbr. Steckling	Sommer	Frühbeet	18 Monate
Calluna-Hybriden (Heide)	halbr. Steckling	Sommer	Frühbeet	18 Monate
Camellia ssp.	halbr. Steckling	Herbst bis Winter	Fensterbank	6–8 Monate
Chamaecyparis ssp. (Scheinzypresse)	halbr. Steckling	Spätsommer	Frühbeet	8–12 Monate
Cordyline ssp.	Triebsteckling	Frühjahr	Fensterbank	6–8 Monate
Cornus ssp. (Hartriegel)	verh. Steckling	Herbst	Gartenboden	12 Monate
Cotoneaster (immergrün) ssp.	halbr. Steckling	Spätsommer	Frühbeet	18 Monate
Deutzia ssp.	verh. Steckling	Herbst	Gartenboden	12 Monate
Erica ssp. (Heide)	halbr. Steckling	Spätsommer	Frühbeet	8 Monate
Escallonia-Hybriden	halbr. Steckling	Spätsommer	Fensterbank	18 Monate
Euonymus (immergrün) ssp.	halbr. Steckling	Sommer	Frühbeet	6–8 Monate
Fagus ssp. (Buche)	Aussaat	Herbst	Gartenboden	8–12 Monate
Forsythia intermedia	verh. Steckling	Herbst	Gartenboden	12 Monate
Hamamelis ssp. (Zaubernuss)	Ableger	Herbst	Gartenboden	12–18 Monate
Jasminum ssp.	Ableger	Herbst	Gartenboden	4–6 Monate
Mahonia ssp.	halbr. Steckling	Sommer bis Herbst	Frühbeet	8–12 Monate
Paeonia ssp.	Teilung	Herbst o. Frühjahr	Gartenboden	12 Monate
Potentilla ssp.	halbr. Steckling	Frühsommer	Fensterbank	2–3 Monate
Pyracantha ssp.	halbr. Steckling	Sommer	Frühbeet	8–12 Monate
Quercus ssp. (Eiche)	Aussaat	Herbst	Frühbeet	8–12 Monate
Ribes ssp. (Johannisbeere)	verh. Steckling	Winter	Gartenboden	12 Monate
Taxus ssp.	halbr. Steckling	Spätsommer	Frühbeet	8–12 Monate
Thuja ssp.	halbr. Steckling	Spätsommer	Frühbeet	8–12 Monate
Weigela ssp.	verh. Steckling	Herbst oder Winter	Gartenboden	12 Monate

Zimmerpflanzen

Pflanze	Methode	Zeit	Ort	Dauer
Billbergia ssp.	Teilung	Frühjahr oder Sommer	Fensterbank	2–3 Monate
Chlorophytum comosum	Teilung	Frühjahr, Sommer oder Herbst	Fensterbank	2–3 Monate
Ficus elastica	Abmoosen	Frühjahr oder Sommer	Fensterbank	8–12 Monate
Kalanchoe ssp.	Triebstecklinge	Frühjahr oder Sommer	Fensterbank	2–3 Monate

JAHRESÜBERSICHT

Die für die Vermehrung jeder Pflanze angegebene Jahreszeit dient nur zur Orientierung. Die ideale Zeit hängt von der einzelnen Art sowie dem Wetter und den Bedingungen in Ihrem Garten ab. Viele Zwiebeln werden zum Zweck der Vermehrung nach der Blüte geteilt. Bei frühjahrsblühenden Sorten kann dies vom zeitigen Frühjahr bis zum Frühsommer sein. Stauden werden oft im Herbst geteilt. Aber auch hier hängt der genaue Zeitpunkt von der Pflanze, dem Wetter und in manchen Fällen von persönlichen Vorlieben ab.

Frühjahr

Aussaat

Überwinternde Einjährige und Zweijährige

Bellis perennis, *Calendula officinalis*, *Clarkia amoena* (Godetie), *Eschscholzia californica*, *Gypsophila elegans*, *Helianthus annuus*, *Helichrysum bracteatum*, *Lathyrus odoratus*, *Lobularia maritima*, *Matthiola* ssp., *Nigella damascena*, *Papaver rhoeas*, *P. somniferum*, *Primula- (polyanthus)* Hybr., *Tropaeolum majus*

Beetpflanzen und Einjährige

Ageratum houstonianum-Hybr., *Amaranthus* ssp., *Antirrhinum majus*, *Bassia scoparia*, *Cosmos* ssp., *Dianthus*- (einjährige) Hybr., *Dorotheanus bellidiformis*, *Impatiens walleriana*-Hybr., *Lobelia erinus*-Hybr., *Nemesia strumosa*, *Nicotiana* ssp., *Pelargonium* ssp. und *P. zonale*-Hybr., *Petunia*-Hybr., *Salvia splendens*, *Senecio cineraria*, *Tagetes erecta*, *T. patula*, *Verbena* x *hybrida*-Züchtungen

Stauden

Agapanthus ssp., *Delphinium*-Hybr., *Erysium*-Hybr., *Verbascum* ssp.

Zimmerpflanzen

Asparagus setaceus, *A. densifolius* Sprengeri-Gruppe, *Begonia scharfii*, *Capsicum annuum*, *Campanula isophylla*, *Hypoestes phyllostachya*, *Impatiens* ssp., *Solenostemon*-Hybr.

Gemüse

Aubergine, Sellerie, Zucchini, Gurke, Melone, Paprika, Zuckermais, Tomate

Teilung

Stauden

Achillea ssp., *Alchemilla mollis*, *Aster*-Sorten, *Astilbe*-Hybr., *Bergenia* ssp., *Cortaderia selloana*, *Delphinium*-Hybr., *Dicentra* ssp., *Eryngium* ssp., *Helleborus* ssp., *Hosta*-Hybr., *Hypericum* ssp., *Kniphofia*-Hybr., *Ligularia dentata*, *Monarda* ssp., *Ophiopogon* ssp., *Paeonia*-Hybr., *Sedum* ssp., *Tradescantia-andersoniana*-Hybr.

Zwiebeln, Spross- und Wurzelknollen

Begonia tuberhybrida-Hybr., *Chinodoxa* ssp., *Dahlia*-Hybr., *Galanthus* ssp., *Hyacinthus*-Hybr., *Tulipa*-Sorten

Sträucher

Penstemon ssp., *Potentilla* ssp., *Syringa*

Ableger

Bäume, Sträucher und Kletterpflanzen

Buxus, *Hamamelis* ssp., *Jasminum* ssp., *Magnolia* ssp., *Parroti persica*, *Prunus* ssp., *Rhododendron*-Hybr., *Syringa*, *Tilia* ssp., *Viburnum* ssp., *Wisteria* ssp.

Stecklinge

Bäume, Sträucher und Kletterpflanzen

Callicarpa ssp., *Campsis radicans*, *Catalpa* ssp., *Clematis* ssp., *Forsythia* x *intermedia*, *Fuchsia*-

Hybr., *Hedera* ssp., *Kolkwitzia amabilis*, *Mahonia* ssp., *Perovskia atriplicifolia*, *Romneya coulteri*, *Vitis* ssp.

Zimmerpflanzen
Begonia ssp., *Campanula isophylla*, *Codiaeum*-Hybr., *Crassula* sp., *Dieffenbachia seguine*, *Ficus* ssp., *Hoya carnosa*, *Impatiens* ssp., *Kalanchoe* ssp., *Monstera deliciosa*, *Saintpaulia*-Hybr., *Schefflera elegantissima*, *Stephanotis floribunda*, *Tradescantia fluminensis*

Sommer

Aussaat
Überwinternde Einjährige und Zweijährige
Digitalis ssp., *Dipsacus fullonum*, *Lunaria annua*, *Oenothera biennis*, *Viola* x *wittrockiana*-Hybr.

Zimmerpflanzen
Cyclamen persicum

Teilung
Stauden
Agapanthus africanus, *Iris germanica*

Zwiebeln, Spross- und Wurzelknollen
Fritillaria ssp., *Narcissus*-Hybr.

Ableger
Bäume, Sträucher und Kletterpflanzen
Akebia quinata, *Chimonanthus praecox*, *Daphne* ssp., *Rubus* ssp.

Stecklinge
Bäume, Sträucher und Kletterpflanzen
Abelia ssp., *Actinidia kolomikta*, *Aucuba japonica*, *Azara* ssp., *Buddleja* ssp., *Buxus* ssp., *Callicarpa* ssp., *Camellia* ssp., *Campsis radicans*, *Catalpa* ssp., *Ceanothus* ssp., *Celastrus* ssp., *Chaenomeles* ssp., *Cistus* ssp., *Clematis* ssp., *Cornus* ssp., *Cotinus* ssp., *Cytisus* ssp., *Deutzia* ssp., *Elaeagus* ssp., *Escallonia* ssp., *Fallopia baldschuanica*, *Fatsia japonica*, *Forsythia* x *intermedia*, *Fuchsia*-Hybr., *Garrya elliptica*, *Hebe* ssp., *Hydrangea* (laubwerfend) ssp., *Hypericum* ssp., *Kerria japonica*, *Kolkwitzia amabilis*, *Lonicera* ssp., *Magnolia* ssp., *Osmanthus* ssp., *Parthenocissus* ssp., *Perovskia atriplicifolia*, *Philadelphus* ssp., *Pittosporum* ssp., *Potentilla* ssp., *Pyracantha* ssp., *Rhododendron*-Hybr., *Ribes* (immergrüne) ssp., *Rubus* ssp., *Schisandra* ssp., *Schizophragma hydrangoides*, *Solanum* ssp., *Spiraea* ssp., *Stewartia* ssp., *Syringa* ssp., *Viburnum* ssp., *Wisteria* ssp.

Zimmerpflanzen
Aphelandra ssp., *Justicia* ssp.

Herbst

Aussaat
Gemüse
Feldsalat, Knoblauch

Teilung
Stauden
Anemone ssp., *Echinops* ssp., *Erigeron* ssp., *Geranium* ssp., *Helleborus* ssp., *Hemerocallis*-Hybr., *Phlox* ssp., *Rudbeckia* ssp.

Zwiebeln, Spross- und Wurzelknollen
Allium ssp., *Camassia* ssp., *Crocosmia* ssp., *Crocus* ssp., *Convallaria majalis*, *Gladiolus* ssp., *Lilium* ssp., *Muscari* ssp.

Ableger
Bäume, Sträucher und Kletterpflanzen
Campsis ssp., *Clematis* ssp., *Fothergilla* ssp.

Stecklinge
Bäume, Sträucher und Kletterpflanzen
Berberis (immergrün) ssp., *Brachyglottis* ssp., *Buddleja davidii*, *Chamecyparis* ssp., *Choisya ternata*, *Cupressocyparis*, *Cupressus* ssp., *Deutzia* ssp., *Euonymus* ssp., *Forsythia* x *intermedia*, *Ilex* ssp., *Itea virginica*, *Juniperus* ssp., *Metasequoia glyptostroboides*, *Olearia* ssp., *Phlomis* ssp., *Potentilla fruticosa*-Hybr., *Prunus lusitanicus*, *Pyrancantha* ssp., *Rosa*-Hybr., *Taxodium* ssp., *Taxus baccata*, *Thuja* ssp., *Weigela* ssp.

Mehrjährige
Fuchsia-Hybr., *Pelargonium*-Hybr.

Winter

Ableger
Bäume, Sträucher und Kletterpflanzen
Acer ssp., *Camellia* ssp., *Hydrangea* ssp., *Rhododendron*-(*Azalea*-) Hybr., *Vitis* ssp.

Stecklinge
Bäume, Sträucher und Kletterpflanzen
Ailanthus altissima, *Aralia* ssp., *Buddleja* ssp., *Campsis* ssp., *Clematis* ssp., *Clerodendron* ssp., *Cornus* ssp., *Leycestria formosa*, *Ligustrum ovalifolium*, *L. vulgare*, *Platanus* ssp., *Populus* ssp., *Rhus typhina*, *Ribes* (laubwerfend) ssp., *Salix* ssp., *Sambucus* ssp., *Symphoricarpus* ssp., *Vitis* ssp., *Weigela* ssp., *Wisteria* ssp.

Zimmerpflanzen
Kakteen

GLOSSAR

Abhärten: Pflanzen werden an Bedingungen gewöhnt, die sich von ihren derzeitigen unterscheiden (meist an kältere Temperaturen angepasst). Siehe auch *Akklimatisieren*.
Ablegen: Eine Vermehrungstechnik, bei der ein Zweig bewurzelt wird, bevor man ihn von der Mutterpflanze abtrennt.
Achsel: Der Winkel, der sich durch den Stängel einer Pflanze und den Ansatz des Blattstieles ergibt.
Achselknospe: Eine Knospe, die in einer Blattachsel entsteht.
Akklimatisieren: Pflanzen werden an Bedingungen gewöhnt, die sich von ihren derzeitigen unterscheiden (meist an kältere Temperaturen angepasst). Siehe auch *Abhärten*.
Alkalisch: Eine Substanz, etwa Erde, die einen pH-Wert von mehr als 7 hat.
Alpine: Eine aus Gebirgsregionen stammende Pflanze, die zwischen der Baum- und der Schneegrenze wächst; oft willkürlich für eine Vielzahl von Steingartenpflanzen angewandt.
Anritzen: Der Samenmantel oder anderes Pflanzengewebe wird eingekerbt oder angefeilt, um dadurch die Keimung beziehungsweise die Bewurzelung anzuregen.
Antreiben: Man optimiert die Bedingungen (z. B. Licht und Wärme), um die Pflanzen anzuregen, früher als normal zu wachsen oder zu blühen.
Anzuchtkasten: Eine beheizbare Konstruktion aus Glas oder Plastik, in der Sämlinge und Stecklinge herangezogen werden können.
Ast: Ein Trieb, der direkt vom Hauptstamm einer verholzenden Pflanze abzweigt.
Auf den Stock setzen: Das Zurückschneiden von Pflanzen auf 10–15 cm über dem Erdboden, um neues Wachstum anzuregen.
Ausläufer: Ein waagerecht am Boden wachsender Zweig, der eine neue Pflanze trägt (etwa bei Erdbeeren).
Basisch: Eine Substanz wie Erde die einen pH-Wert von weniger als 7 hat und damit sauer ist.
Beetpflanze: Einjährige oder Zweijährige, die unter Glas gezogen werden, bevor sie in Beete oder Rabatten ausgepflanzt werden, um sie saisonal zu schmücken.
Blattachselbrut: Eine kleine Zwiebel oder ein zwiebelähnliches Gewächs, das sich in der Blattachsel eines aufrechten Stängels befindet.
Blühfaul: Eine Pflanze, die keine Blüten bildet oder einen Stängel mit deformierter Spitze hervorbringt.
Borke: Die schützende Schicht aus toten Zellen auf der Außenseite von Pflanzenwurzeln und den Stämmen von verholzenden Pflanzen.
Breitwürfig: Dünger oder Samen werden willkürlich, ohne vorgezogene Rillen oder Furchen auf Substrat oder Erde ausgestreut.
Brutknolle: Eine kleine Knolle, die an der Basis der Mutterknolle gebildet wird.
Brutzwiebel: Eine kleine Zwiebel, die sich seitlich an der Mutterzwiebel entwickelt.
Edelreis: Knospe, Trieb oder Steckling, der für das Okulieren oder Pfropfen auf eine *Unterlage* benutzt wird.
Einhäusig: Pflanzen, bei denen männliche und weibliche Blüten auf einer Pflanze zu finden sind.
Einjährige: Pflanzen, die ihren Reproduktionskreislauf (Heranwachsen aus Samen, Blühen, Bildung von Samen und Absterben) in einem Jahr durchlaufen.
Einschlagen: Das vorübergehende Eingraben einer Pflanze, bis man sie an ihren endgültigen Standort pflanzt.
Eintopfen: Jungpflanzen oder Sämlinge aus Saatbeet oder Saatschale in ein größeres Pflanzgefäß setzen.
Entspitzen: Das Ausschneiden des Wachstumspunktes, um die Entwicklung von Seitentrieben zu fördern. Siehe auch *Pinzieren*.
F1 Hybride: Die erste Saatgeneration, die aus der Kreuzung zweier reinrassiger Pflanzen entsteht. Eine F2 Hybride entsteht aus der Kreuzung zweier F1 Hybriden und ist nicht sortenrein.
Ferse, Zunge: Ein Borkenstück, dass am Trieb hängen bleibt, wenn dieser von der Mutterpflanze abgerissen statt abgeschnitten wird.
Frühbeet: Eine niedrige, transportable oder feststehende, verglaste Konstruktion zum Schutz bei Pflanzen.
Gegenständig: Blätter, Knospen oder Zweige, die genau gegenüberliegend an den Trieben angeordnet sind.
Grünsteckling: Weiche, noch biegsame Triebe diesjährigen Holzes ohne Blütenansatz zur Stecklingsvermehrung.
Hochblatt, Braktee: Ein umgebildetes Blatt, oft leuchtend gefärbt und blütenähnlich (wie bei *Clematis* und Weihnachtssternen).
Hybride: Eine durch Kreuzung zweier Pflanzen unterschiedlicher Art oder Gattung gezüchtete neue Pflanze, deren Eigenschaften von denen der Mutterpflanzen abweichen.
Kallus: Ein Zellteilungsprodukt nach der Verletzung von lebendem Gewebe. Die an die Wunde grenzenden lebenden Zellen wuchern und bilden eine Schutzschicht.
Kambiumschicht: Die Schicht lebender Zellen, die unmittelbar unter der Borke liegt und für das Dickenwachstum des Stammes sowie die Wundheilung sorgt.
Keimblätter: Die ersten aus dem Samen sprießenden Blätter. Pflanzen können zweikeimblättrig (mit zwei ersten Blättern) oder einkeimblättrig (mit einem ersten Blatt) sein.
Keimung: Der erste Schritt in der Entwicklung eines Samens zur Pflanze.
Klon: Ein Sammelbegriff für eine Reihe identischer Pflanzen, die aus Stecklingen oder durch Teilung aus einem einzigen Gewächs erzeugt wurden.
Knolle: Ein zum Speicherorgan umgebildeter, unterirdischer Stängel.

Knospe: In der Blattachsel gebildete Anlage für einen neuen Trieb.
Kühlung: Manche Pflanzenarten brauchen während ihrer Ruhezeit eine Periode kühlerer Temperaturen, um die Blütenbildung zu stimulieren.
Kurztrieb: Ein kurzer, Blüten oder Früchte tragender Ast.
Lehm: Fruchtbare Erde, bestehend aus gleichen Anteilen von Ton, Sand und verwittertem Gestein.
Leittrieb: Der dominierende Trieb oder Zweig einer Pflanze (in der Regel der oberste Trieb).
Mehrjährig: Eine Pflanze, die drei oder mehr Jahre lebt.
Meristem: Pflanzengewebe, das sich teilen und vervielfältigen kann. Man findet es in Knospen, Wurzeln und Zweigen.
Mulch: Eine Abdeckschicht aus organischem oder anorganischem Material, die auf den Boden aufgebracht wird, um Unkraut zu unterdrücken und Feuchtigkeit im Boden zu halten.
Mutation: Eine Veränderung oder Abweichung durch Zufall, häufig als ›Variante‹ oder ›Sport‹ bezeichnet.
Okulationsstelle: Die Stelle, an der das Auge eines Edelreises auf die Unterlage gesetzt wurde.
Okulieren: Eine Form des Pfropfens (oft bei Rosen und Obstbäumen angewendet), bei der zwei Pflanzen miteinander verbunden werden.
Pfahlwurzel: Die gerade nach unten führende Hauptwurzel einer Pflanze.
Pflanzensaft: Der Saft oder die Flüssigkeit in einer Pflanze.
Pfropfen: Eine Vermehrungsmethode, bei der zwei oder mehr verschiedene Pflanzen miteinander verbunden werden.
pH-Wert: Die Maßeinheit, mit der saure und basische Eigenschaften des Bodens gemessen werden. Ein pH-Wert von 7 zeigt neutrale Böden an; unter 7 sind Böden sauer, über 7 basisch.
Pikieren: Das Umpflanzen (Vereinzeln) von Sämlingen aus Saatbeet oder Saatschale in ein größeres Pflanzgefäß.
Pinzieren: Das Entfernen (in der Regel mit Daumen und Zeigefinger) des Haupt- oder Kopftriebes, um die Entwicklung von Seitentrieben anzuregen.
Rhizom: Unteriridischer, zumeist waagerecht in der Erde liegender, verdickter Sproß (von Pflanzen wie etwa *Begonia rex* und *Convallaria majalis*), der Wurzeln und Triebe bildet.
Ruhezeit: Eine im natürlichen Vegetationsablauf einer Pflanze vorkommende Pause des Wachstums; normalerweise im Winter.
Saatrille: Eine schmale, gerade, flache Furche, in die Samen eingesät werden.
Seitenständig: Ein Zweig oder Trieb, der aus einer Achselknospe sprießt.
Staude: Nicht verholzende Pflanzen mit einjährigem Oberflächenwachstum und einem mehrjährigen Wurzelsystem oder Speicherorgan.
Steckling: Der Abschnitt eines Stängels, Blattes oder der Wurzel einer Pflanze, der zur Vermehrung benutzt wird.
Stratifizieren: Vorbereitung schwerkeimender Samen für gutes Keimungsergebnis: Einschichtung des Samens sofort nach der Ernte in Sand.
Substrat: Material zum Eintopfen (Erdmischung), das nach einer Standardformel gemischt wird. Die Mischung kann Lehm, Sand, Laubkompost, Torf oder Torfersatz enthalten.
Teilung: Eine Vermehrungsmethode, bei der die Anzahl der Pflanzen durch deren Aufteilen in kleinere Teilstücke erhöht wird. Jedes Teilstück hat ein Wurzelsystem und einen oder mehrere Triebe.
Triebknospe: Knospe aus starken Holztrieben oder Wurzelstöcken, aus der ein belaubter oder blütenloser Trieb entsteht.
Überwinternde Einjährige: Einjährige Sommerblumen, die bereits im Herbst des Vorjahres ausgesät werden können und als Samen oder Keimling in der Erde überwintern.
Umpflanzen: Das Versetzen von Pflanzen von einem Standort an einen anderen, um ihnen mehr Platz zum Wachsen zu geben.
Umtopfen: Eine Pflanze in ein größeres Pflanzgefäß umsetzen.
Unterirdischer Ausläufer: Ein aus den Pflanzenwurzeln oder einem unterirdischen Stängel sprießender Trieb.
Unterlage: Pflanze mit erwünschten Eigenschaften wie kräftiges Wurzelwerk, Winterhärte und Krankheitsresistenz, auf die ein Edelreis aufgepfropft wird.
Veredelungsstelle: Die Stelle, an der ein Edelreis auf die Unterlage gepfropft wurde.
Wachstumspunkt: Die oberste Spitze am Ende eines Triebes; auch als Triebspitze bezeichnet.
Wechselständig: Zweige oder Blätter, die auf unterschiedlichem Niveau auf gegenüberliegenden Seiten des Stammes erscheinen.
Wurzelknolle: Fleischige, zum Speicherorgan umgebildete Wurzeln (wie bei Dahlien) oder Stängel (wie bei Kartoffeln).
Wurzelhals: Der obere Teil des Wurzelstocks. Die Verbindungsstelle zum Stamm.
Wurzelstock: Der Wurzelhals und das Wurzelsystem von Pflanzen wie etwa Stauden. Der Pflanzenteil, auf den eine andere Pflanze, das Edelreis, gepfropft wird.
Zehen: Das umgebildete Blatt (fleischiges Teilstück) einer Zwiebel wie bei Hyazinthe oder Speisezwiebel.
Zweijährige: Eine Pflanze, die ihren Wachstumskreislauf in zwei Jahren vollendet. Im ersten Jahr keimt sie, bildet Wurzeln und Blätter und im zweiten blüht sie und bildet Samen, bevor sie abstirbt.
Zwiebel: Ein unterirdisches Speicherorgan, das aus dicken, fleischigen, um einen komprimierten Stängel (Zwiebelboden) herum angeordneten Blättern besteht.
Zweihäusig: Eine Pflanze (wie Weide oder Stechpalme), bei der weibliche und männliche Blüten auf zwei verschiedene Pflanzen verteilt sind.

REGISTER

Abhärten 50f., 57, 124
Ableger, ablegen 9ff., 14f., 94f., 102ff., 108, 110, 112f., 122ff.
Abmoosen 103, 105, 110f.
Abschuppen 96f.
Absenker, absenken 104ff., 107f.
Abspalten 98f.
Abziehlatte 18ff.
Achsel 124
Achselbulben 91, 94f.
Achselknospe 84, 124
Akarizid 115
Akklimatisieren 27, 124
Alkalisch 124
Andrückbrettchen 17ff., 36, 44f.
Anhäufeln 105, 112f.
Anplatten 15
Anritzen 47, 75, 98f., 124
Anschäften 15
Antreiben 124
Anzuchtkasten 9, 19, 26f., 75, 124
Arbeitsplatte 36
Ast 124
Auf den Stock setzen 105, 113, 124
Ausdünnen 55, 95
Ausläufer 58, 60, 64f., 68, 72, 83, 104, 108f., 124
Ausläufer, unterirdischer 125
Ausputzen 39
(Aus)saat 9f., 14, 17, 20, 29, 31, 43ff., 52ff., 93, 104, 122f.
Ausschaben 98f.

***B**acillus thuringiensis* 115
Bakterien 36
Bambus *65*, 120
Basisch 124
Bäume 12, 41, 51, 80, 86, 89
– Obstbäume 15
Beerenobst 83
Belüftung 50, 115
Bewässerung 20
Bewurzelung 9, 27, 30, 32, 63, 71, 74f., 80, 82, 107, 109f.
Bewurzelungshormone 32f., 78f., 82
Bewurzelungsmittel, -pulver 28, *29*, 33, 82, 84, 110f.
Blattachsel 32, 77f., 83, 88f., 91
Blattachselbrut 124
Blattfarben 13
(Blatt)knoten 32, 71, 77f., 88f., 106ff., 110
Blattläuse 114f., 117
Blattrosetten 60, 68f.
Bleiglanz 117
Blühfaulheit 94, 96, 124
Blüten 71
– Blüten, Aufbau 39
Bodentypen 15
Borke 78f., 82, 89, 104, 107, 124
Botrytis siehe Grauschimmel

Braktee siehe Hochblatt
Breitsaat 53
Breitwürfig 124
Brutknospen 69
Brutzwiebeln 91, 94, 96f., 124
Bulbillen siehe Brutknospen

Chlorophyll 35

Desinfektionsmittel 29, 36
Dickmaulrüssler 116
Dränage 30f., 80, 93
Dunkelheit 40f.
Düngephosphat 30
Dünger 20, 30f.

Edelreis 13, 15, 88, 124
Einhäusig 124
Einjährige 10, 52ff., 119f., 122, 124
Einjährige, überwinternde 13, 125
Einschlagen 124
Einspitzen, seitliches 89
Eintopfen 124
Entspitzen 124
Erde 30, 36, 80, 86, 95
– Anzuchterde 78, 85, 96
– Aussaaterde 30, 75
– Stecklingserde 30, 75, 78

F1 Hybriden 11, 43, 124
Fäulnis 20, 67, 73, 101
Ferse 124
Feuchtigkeit 30f., 33, 35, 40, 66f., 74f., 82
Fliegen, Weiße 116
Frost 18, 25, 27, 47, 50, 53f., 56f.
Frühbeet 19, 27, 41, 50, 56f., 83, 87, 93, 96, 118, 124
Fuchsien 9, 13, *73*, 82f.
Fungizid 36, 65, 67, 98f., 101, 117

Gärtnervlies 18f., 50, 56f.
(Garten)scheren 16, 19, 22ff., 36, 74
Gartenschnur 17
Gegenständig 124
Gelbsticker 116
Gemüse 10, 25, 44, 46f., 49, 54, 122f.
Gewächshaus 17, 27, *28*, *36*, 40f., 44, 50, 56f., 87
Gießen 34f., 45f., 50, 54, 80, 82, 114
Gießkanne 18ff., *34*, 45
Glasglocken 27
Glasscheiben 18f.
Gräser 120
Grauschimmel 116f.
Gummibaum (*Ficus elastica*) 15, 102, 105, 110

Hochblatt 124
Horste 58ff., 100
Hülsenfrüchte 42
Hybride 124
Hygiene 29, 33, 36

Insekten 42
Insektizid 115

Jahreszeit 6, 11, 46, 72

Kalk 30,
Kallus(gewebe) 33, 82, 111, 124
Kambiumschicht 124
Keimblätter 40, 45, 48f., 124
Keimfähigkeit 40
Keimung, Keimlinge 20, 30f., 40f., 44ff., 52, 57, 124
Kindel 68f.
Klone 11, 124
Knollen 61, 90ff., 124
– Brutknollen 94f., 98f., 100, 124
– Sprossknollen 90f., 100f., 120, 122f.
– Wurzelknollen 90f., 100f., 120, 122f., 125
Knospen 65, 71, 80, 82, 84, 125
Kokosfasern 30
Koniferen 11, 27, 78, 82
Kopfveredelung 15
Krankheiten 15, 17, 36, 48, 50, 55ff., 59, 63, 73, 96ff., 114, 116f.
Kräuter 75
Kühlung 55, 125

Lehm 30f., 80, 87, 93, 125
Licht 17, 32, 40f., 46, 50, 57, 59
Lichtkeimer 18
Lichtmangel 48
Lilienhähnchen 96
Luft 40ff.
Luftfeuchtigkeit 18, 26, 75f., 82
Luftzirkulation 32, 115
Luftzufuhr 35

Mehltau, Echter 117
Mehltau, Falscher 117
Mehrjährige 125
Meristem 125
Messer 17, 19ff., 36, 74, 107, 109ff.
Miniermotten 115
Mulch 125
Mulchfolie 20
Mutation 13, 125

Nachtfalter 115
Nährstoffe 17, 30f., 33, 40, 48, 57, 59, 66, 68, 74, 84, 96, 104
Nährstoffmangel 48, 52
Nematoden 116
Nodien siehe Blattknoten
Nützlinge 115f.

Okulation, Okulieren 15, 20, 125
Okulationsstelle 125

Panaschiertes Laub 13
Pelargonien 9, 13, *17*, *26*, *33*
Perlit 31, 93
Pestizid 36
Pfahlwurzel 51, 125
Pflanzen
– Alpine Pflanzen 31, 86, 124
– Beetpflanzen 10, 13, 47, 122ff.
– Brutpflanzen 69
– Gartenpflanzen 9, 12, 72
– Heckenpflanzen 81
– Kalk fliehende Pflanzen 31
– Kletterpflanzen 86, 120, 122
– Nahrungspflanzen 9
– Sukkulente Pflanzen 69
– Zimmerpflanzen 14f., 46, 72, 85, 110, 121ff.
– Zwiebel(pflanzen) 90ff., 96ff., 120, 122f., 125
Pflanzensaft 36, 125
Pflanzgefäße 12, 20, 24f., 29, 49
Pflanzholz 18f., 36, 48f., 54, 76
Pflanztiefe 101
Pfropfen 14f., 20, 88f., 106, 125
ph-Wert 125
Pikieren 48, 125
Pilzerkrankungen 29, 33, 42, 73, 75, 100, 114
Pilzsporen 29, 36, 114
Pinzieren 125
Plastikfolie, -tüten 18f., 27, 75, 78, 80f., 84f., 96ff., 110f.
Pollen 10, 39

Raubmilben 115f.
Raupen 115
Rhizome 60, 62, 66f., 125
Rindenpfropfen 15
Rosen *10*, *12*, 13, 41, 55, 108, 117
Rosenscheren 22
Rost 114, 117
Rotpustelpilz 117
Rückschnitt 23
Ruhezeit 11, 41, 59, 72, 87, 95, 98, 107, 113, 125
Rußtaupilz 115

Saatbeet 52, 55
Saatrillen 53, 125
Saatschalen 17f., 20, 25, 27, 44ff., 75, 85, 95
Samen, Sämlinge 8ff., 11, 13f., 17f., 20, 24, 26f., 29ff, 34ff., 38ff., 41, 46, 48f., 50, 53, 55, 57, 71, 91ff., 103, 114
– Aufbewahrung von Samen 42f., 46
– Große Samen 45, 54
– Sammeln von Samen 42f., 92
– Schutz von Samen 56f.
Sand 30f., 44, 54f., 80, 86, 99
Schadinsekten 36
Schädlinge, Schädlingsbefall 15, 17, 29, 36, 48, 55ff., 59, 63, 73, 96f., 114ff., 117
Schildläuse 115
Schimmel 36, 114
Schlupfwespen 116
Schmetterlinge 115
Schnecken 86
– Gehäuseschnecken 116
– Nacktschnecken 116
Schneckenkorn 116
Schwefel(pulver) 65, 100f.
Seitenständig 125
Setzlinge 12, 20
Sieb 19f.
Spaltpfropfung 88
Spinnmilben, Rote 115
Splitt 31, 54, 93
Stauden 9f., 14, *58*, *62*, 119f., 122f., 125
Stecklinge 6, 8ff., 11, 13f., 17f., 20, 22f., 24ff., 29ff., 32, 35f., 59, 70ff., 82f., 100, 102ff., 106f., 118, 125
– Blattstecklinge 14, 72f., 84f.
– Grundständige Stecklinge 14, 63
– Grünstecklinge 14, 76f., 124
– Halbreife Stecklinge 78f., 83
– Internodiale Stecklinge 82f.
– Knotenstecklinge 81f.
– Kopfstecklinge 32, 72f., 75ff.
– Stammstecklinge 80f.
– Teilstecklinge 32
– Triebstecklinge 72f., 82f.
– Wurzelstecklinge 72f., 86f.
Stratifizieren 55, 125
Sträucher 10, 12, 41, 51, 64, 121f.
Substrat 9, 12, 17f., 20, 24f., 28ff., 30ff., 36, 39f., 44ff., 48f., 52, 54f., 69, 73ff., 77f., 80, 82, 84ff., 87f., 93, 95ff., 101, 106, 111, 114, 125

Teilen, Teilung 9, 11, 14, 58ff., 63ff., 68, 72, 94, 100f., 122f., 125
Temperatur 11, 17, 26f., 30, 32, 40, 44, 46, 50, 52, 54, 75, 82, 85, 87, 101, 114
Tochterzwiebeln siehe Brutzwiebeln
Torf 25, 29f., 97
Torfmoos 110f.
Torfersatzprodukte 29f.
Töpfe 9, 17, 20, 24f., 29, 36, 45, 69, 74, 85, 87f., 95, 106
– Kompostierbare Töpfe 25, *72*
– Plastiktöpfe 24f., 93
– Tontöpfe 24f., 93
Trauermilben 115
Triebe 9, 15, 32f., 35, 40, 65, 69, 72ff., 76ff., 80, 83, 88, 105f.
– Blütentrieb 71, 73, 82
– Kurztrieb 125
– Leittrieb 125
– Wachstumstrieb 71, 83
Triebknospe 100, 110, 125
Trockenheit 15

Überwintern 123
Umtopfen, umpflanzen *30*, 48, 51, 125
Unkraut 80, 106
Unterlage 15, 88, 125
Usambaraveilchen (*Saintpaulia*) *35*, 46, *84*

Variante siehe Mutation
Veredelungsstelle 88, 125
Vermehrung 6, 9ff., 15, 28, 31f., 62, 71, 103f., 110
– Generative Vermehrung 68
– Methoden der Vermehrung 14ff., 26, 65, 102
– Natürliche Vermehrung 10, 68
– Vegetative Vermehrung 10f., 13, 68
Vermiculit 31, 99
Viren 117

Wachstum 18, 35, 41, 50, 57, 59, 65, 69, 71, 77
Wachstumshormone 71, 82
Wachstumspunkt 125
Wärme 26, 41, 90
Wasser 17, 30f., 34f., 40ff., 45, 47, 49, 57, 59, 74f., 78, 80f., 90
Wassermangel 48, 94
Wechselständig 125
Weißtorf 30
Welkepilze 117
Werkzeuge 16ff., 36
Wetzstein 18ff., 21
Wind 57, 65
Winterhart, Winterhärte 11, 13
Wurzeln 35, 40, 48f., 65, 69, 72, 82, 90, 95, 103ff., 111f.
– Faserwurzeln 62, 67, 87
Wurzelbildung 11, 15, 30ff., 71, 83, 111
Wurzelfäule 117
Wurzelhals 125
Wurzelstärkung 51
Wurzelstock 14, 62, 66, 125
Wurzelsysteme 30, 48, 51, 59ff., 88
Wurzelzellen 35

Zehen 96ff., 125
Zubehör 19, 28ff., 36
Zunge siehe Ferse
Zweijährige 13, 53, 122f., 125
Zweihäusig 125

BILDNACHWEIS

Garden Picture Library / Michael Howes 52 / Jacqui Hurst 51, 56 / Lamontagne 32, 59 / Howard Rice 58, 64, 70, 110 / Stephen Robson 72 / Friedrich Strauss 29 unten, 35 / Mel Watson 26, 50

John Glover 4, 11, 16, 31, 41, 44, 48, 86, 106, 115

Octopus Publishing Group Limited 75, 80 unten, 118 unten / Michael Boys 14, 33, 37, 42, 71, 93, 103 oben / Peter Burt 22 links, 22 rechts, 23 links, 23 rechts / Jerry Harpur 61 oben, 63, 76, 94, 103 unten, 118 oben links, 118 oben rechts / Andrew Lawson 83, 92 / Peter Myers 29 oben, 40, 73 / Howard Rice 7, 17, 89 / Gareth Sambridge 34 / George Wright 12, 39, 61 unten, 74, 80 oben, 100, 102

Jerry Harpur / Dr. John Rivers, Balscote 8 / RHS Wisley 9

Andrew Lawson / Eastgrove Cottage, Worc. 2–3, 10, 13, 15, 28, 38, 43, 57, 60, 62, 65, 66, 68, 84, 90, 104, 108, 112

Harry Smith Collection 24, 30, 105, 114, 116

Abbildungen auf dem Umschlag:
Octopus Publishing Group Limited / Jerry Harpur Umschlag vorne unten / Friedrich Strauss Vorderseite oben rec
Michael Boys Umschlag vorne oben links